贏回自主人生，終結
過勞崇拜

擺脫有毒工作思維，
重啟生活與事業高峰的改變之書

Win at Work and Succeed at Life
5 Principles to Free Yourself from the Cult of Overwork

Michael Hyatt, Megan Hyatt Miller
麥可・海亞特、梅根・海亞特・米勒 —— 著　　鍾榕芳 —— 譯

各界讚譽

「難得一見的好書，不只發人深省，更實用無比！麥可和梅根在書中分享的睿智見解，是其身為美國深受信賴的專業企業教練，多年經驗所衍生的副產物。我非常推薦本書！」

——**克里斯・麥切斯尼（Chris McChesney）**

暢銷書《執行力的修練》（*The 4 Disciplines of Execution*，天下雜誌出版）作者、

富蘭克林柯維顧問公司（FranklinCovey）執行長

「事業成功不等於要犧牲圓滿生活，美好生活也不一定要犧牲事業。在這本動人的書中，麥可和梅根分享了他們的策略，讓成功人士全心投入家庭與所屬社群，神奇的事就會發生。大力推薦本書給所有想在生活各層面都贏得漂亮的人。」

——**蘿拉・范德康（Laura Vanderkam）**

《要忙，就忙得有意義》（*Off the Clock*，采實文化出版）和《茱麗葉的機會學校》

（*Juliet's School of Possibilities*，暫譯）作者

「這本書藏滿實用又啟發人心的想法與工具，即使是最忙碌的專業人士，也能從中獲益，將工作和生活的緊張壓力轉化為真正的雙贏。」

——**約翰．麥斯威爾（John C. Maxwell）**

約翰麥斯威爾公司（The Maxwell Leadership Enterprise）創辦人

「我們每一個人都疲於應付個人生活與職場對時間和精力的索求。麥可．海亞特和梅根．海亞特．米勒證明了，個人生活與職場並不是零和遊戲，只要遵循他們清楚實際的原則，你就可以兩者兼得。」

——**約翰．湯森德（John Townsend）**

《紐約時報》暢銷書《過猶不及》（*Boundaires*）合著者

「妙趣橫生、真知灼見，這是一本指引，教你如何從焦頭爛額變成一手掌握全局，你的團隊會感激你，家人也會感謝你。」

——**艾蜜莉．芭絲苔（Emily Balcetis）**

紐約大學心理學助理教授、《決勝視角》（*Clearer, Closer, Better*，采實文化出版）作者

「麥可．海亞特和梅根．海亞特．米勒提供的解方，讓你的生產力和人際關係都能產生驚天動地的轉變。如果你正在尋找能讓生活和時間回到正軌的『失落拼圖』，趕快來買這本書……而且，不要用走的，用跑的！」

——**茱莉．所羅門（Julie Solomon）**

「影響力人物」（The Influencer）播客節目主持人

「這本書十分實用、坦誠，充滿經歷慘痛教訓才習得的智慧，也許是我遇過最鉅細靡遺教你如何好好生活的一本指南。」

——**陶德．亨利（Todd Henry）**

《動力密碼》（*The Motivation Code*，暫譯）作者

「這本書精彩絕倫，來的正是時候，以洞見和證據幫助我們終於能解析喧囂的忙碌文化。更清楚的提醒了我們，對於工作與生活的兩難，另一種（更好的）解決方法真的存在。」

——**布魯斯．戴斯利（Bruce Daisley）**

《吃、睡、工作，再從頭開始》（*Eat Sleep Work Repeat*，暫譯）作者，推特（現X公司）歐洲、中東、非洲區前副總經理

「這本書能大大改變你思考和工作的方式。只要按照麥可和梅根提供的原則和實行方法，你不只會成為贏家，還能找到我們努力想實現的平靜與滿足。」

——**克雷格．葛洛契爾（Craig Groeschel）**

生命教會（Life.Church）牧師、《紐約時報》暢銷作家。

「熱愛工作沒有什麼不對，但如果工作占據生活，會發生什麼事？麥可和梅根在書中為我們揭露了，過度工作對我們的生活幹了什麼好事（小爆雷：很糟糕的事），但他們不只寫到這裡而已！書中還有五個簡單的方法，幫助跟你我一樣忙到焦頭爛額的專業人士，體驗成為職場贏家之外，也當上生活勝利組。」

——**伊恩．摩根．庫恩（Ian Morgan Cron）**

暢銷書籍《九型人格的成長練習》（*The Road Back to You*，校園書房出版）合著者

「麥可．海亞特和梅根．海亞特．米勒協助過上千人，拆除阻擋他們找尋工作與生活平衡的屏障。而現在，他們將自身經驗都濃縮在這本易上手、內容豐富又非常實用的書裡。」

——**方洙正（Alex Soojung-Kim Pang）**

放鬆公司（Restful Company）創辦人、《用心休息》（*Rest*）與《如何縮時工作》（*Shorter*，以上皆為大塊出版）作者

「我在麥可人生中扮演的第一個角色，是幾十年前擔任他的企業主管教練。從此之後，我跟他就成為好友。他自此從企業領導者，慢慢進化成領導力與生活思想的領導者。我會分享這些，是因為我看著他親自活出了這些原則，而這些原則，在這本令人讚不絕口的書中都有介紹。贏在職場又贏在生活是有可能的。我鼓勵你拿出紙筆，沉浸在接下來的書頁中，你就可以達到職場與人生雙贏。」

——丹尼爾．哈卡維（Daniel Harkavy）

冠軍製造公司（Building Champions）創辦人

「我認識麥可已經十幾年了，每次他只要有話想說，我就知道一定是非常實用又有幫助的話。而這本書絕不只是這樣而已，除了一如往常的實用之外，也深具巧思！」

——約翰．艾爾德雷奇（John Eldredge）

狂野之心（Wild at Heart）組織負責人、暢銷作家

「看到要你犧牲家庭生活換取事業成功的所有方法，我們都應該心存懷疑，反之也是一樣。除非兩者兼得，否則沒有人是贏家。而這本洗鍊的書，詳細說明了如何達到『雙贏』且樂在其中的方法。」

——雷．艾德華（Ray Edwards）

溝通策略專家、《美國文案大師私房密技大公開》（*How to Write Copy That Sells*）作者

「麥可・海亞特與梅根・海亞特・米勒針對『家庭生活失敗，職場才會成功』的錯誤觀念對症下藥，並指出更好的生活與工作方式：一邊成功了，就能成為另一邊成功的動力。」

——**史吉普・普里查德（Skip Prichard）**

線上電腦圖書館中心公司（OCLC，Online Computer Library Center）總裁、《華爾街日報》暢銷書《犯錯寶典：打造成功未來的九個祕密》（*The Book of Mistakes: 9 Secrets to Creating a Successful Future*，暫譯）作者

「這本書會為你在尋求雙贏的路上帶來莫大幫助，不僅如此，我還可以肯定這本由這對父女檔撰寫的書，一定可靠又真實。我很開心能第一手看到麥可和梅根寫的這些精彩內容。你會愛上這本書的。」

——**羅伯特・沃爾默斯（Robert Wolgemuth）**

暢銷作家

「好消息！你不需要犧牲個人幸福來換取事業成功。如果懷疑這點，就來讀麥可・海亞特和梅根・海亞特・米勒合著的新書吧，這不只是一本商管書，更是一個關於工作與生活大改造的親身故事，十分發人省思。」

——**鮑伯・戈夫（Bob Goff）**

暢銷書《為自己的人生做點事》（*Love Does*）作者

「閱讀《贏回自主人生，終結過勞崇拜》，就能翻轉你的人生。」

——**派屈克．蘭奇歐尼（Patrick Lencioni）**

圓桌集團（The Table Group）創辦人與執行長，暢銷書《克服團隊領導的五大障礙》（*The Five Dysfunction of A Team*，天下雜誌出版）與《對手偷不走的優勢》（*The Advantage*，天下文化出版）作者

目錄
CONTENTS

各界讚譽 002

第1章 富足人生，不必超載硬撐 011

第2章 過勞崇拜，只會迎來失敗 031

第3章 好好生活，最該優先的工作 055

原則❶：生活有很多重心，工作只是其一

雙贏練習❶：定義專屬自己的雙贏

第4章 劃清界線，框限工時更有效率 081

原則❷：有限制更自由，產能創意全提升

雙贏練習❷：為每日工作設限

雙贏練習簿

掃描下載搭配書中五項雙贏原則的練習表單。

第5章 制定排序，掌握不該妥協的要事 103
原則❸：工作與生活具有動態平衡
雙贏練習❸：依理想順序排定行程
第6章 按下暫停，發揮無所事事的力量 125
原則❹：不事生產其實充滿威力
雙贏練習❹：培養異於工作的興趣
第7章 每天關機，重啟身心運轉發條 149
原則❺：高成效靠「睡眠休息」立基
雙贏練習❺：刻意打造夜夜好眠
第8章 不再信仰過勞，拾回雙贏人生 169
致謝 188
註釋 192

第 1 章

富足人生，不必超載硬撐

最難的選擇……是陷入真正左右為難的處境，

因為兩邊都深植在我們基礎核心價值中。

——羅許沃思．基德

（Rushworth Kidder，1944～2012，

美國作家、倫理學家）[1]

工作狂造成的家庭問題
——我（麥可）的故事

她的眼淚出自多年默默承受一切的痛苦，每一滴眼淚都承載著深沉的傷痛回憶。我和太太蓋兒（Gail）並肩坐在客廳裡，而我完全猝不及防，感覺即使全世界的衛生紙都在這裡，也沒有辦法擦去她的難受。

蓋兒和我結褵超過四十年，她一直都是我的頭號支持者和啦啦隊，但在那個下午，沉默的憤恨與遺憾的情緒，終究沸騰並浮上檯面。我其實很想幫自己辯解，但還好我那天不知怎麼的腦筋動得特別快，知道要閉嘴聽她說話。

幾個小時前，我人在湯瑪士尼爾森出版社寬敞的執行長辦公室裡，和老闆坐在一起。辦公室牆上排滿我們公司出的書，看著那些直挺排列的書背，我心中滿是驕傲，畢竟這裡面有非常多是我和我的團隊所出的書，其中幾本更是暢銷書，同時我們還把這個曾經是公司業績最差的部門，逆轉為成績亮眼的模範生。

但執行長把我叫進來不是只要稱讚我的表現而已。他的手越過桌面，遞給我一張獎金支票，上面的數字，是我從沒見過的多。我甚至仔細讀了兩遍，這金額比我的年薪還多！我壓下打電話給蓋兒報告好消息的衝動，因為我想要親口告訴她。我知道她一定會開心到不行。

我們有個沒有明說的不成文約定，是在我們結婚的前幾年定下的。大致上運作的方式是這樣：我們是個大家庭，有五個孩子，所以開銷很大。我負責上班，養家活口就是我的責任；蓋兒則負責操持家務。我們偶爾會互相確認情況，但恪守陣地，互不干擾。

我們就此走往不同的方向，我去上班，蓋兒則成為家管。當時，事業幾乎就是我的全部。晚間和週末加班時，蓋兒常不自覺在孩子面前替我辯護。她從來沒有在背後埋怨過我的缺席，反而會告訴孩子：「我知道爸爸一定希望他可以待在家，但爸爸現在正做著很重要的事情。他為了我們這麼努力，我真的很為他驕傲。」

當我們忽略了一小部分的事情時，通常就代表著還會忽略其他事情。就像我不但讓家人受委屈，在這些日子裡，還危害了自己的健康。我吃著垃圾食物、無限期拖延運動計畫，覺得這樣的生活也還是過得去。

而現在，在一週工作七十到八十小時、花費無數時間在無聊的機場穿梭、錯過太多家庭活動之後，報酬終於來了。我口袋裡的那一大張支票，就是這一切犧牲都值得的證據。我再次確認支票上的金額，每一個零都像是在證明先前的努力價值。

終於到家了，我止不住微笑，我真的是中大獎了。可是，出乎我意料之外，蓋兒竟然……很不開心。

「寶貝，」終於，她說話了：「我真的很想為你開心，但我們必須談談。」喔不，沒有擊掌？沒有「來開一瓶香檳吧」？她把我帶進客廳。我們坐下時，我發現她的嘴唇在顫抖，她很努力讓自己鎮定下來。

「我愛你，麥可，這點你知道的，」她說：「有你，我真的很驕傲。你為了賺錢養家做的一切，我都很感恩，但說實話……你從來不在家，你的五個女兒需要你。就算你在家，你也不是真的在這裡，你的思緒跑去別的地方了。」她停了一下。斟酌字句時，她眼中噙滿淚水：「老實講，我覺得自己像個單親媽媽。」

忙碌謬誤

野心煞車

事業野心與安逸生活，怎麼選？

我們發展專業職涯、換工作、接受升遷，出發點都是好的。沒有人做這些事的時候會想說：「我今天做的決定會讓伴侶遠離我、小孩恨死我」「我現在開啟的生活模式，以後會害我筋疲力盡，產生工作倦怠」或「是時候來用肝換錢了」。

我們想的是，這些有意義的工作可以為我們帶來經濟、情緒、社會上的價值，讓我們的人生選擇變多、未來一片光明。

但職場壓力不斷升高，因此我們便陷入了「忙碌謬誤」（Hustle Fallacy）中。**我們覺得只要再努力一點，就可以撐過所有壓力**。工作的要求不斷累積，而我們則努力跑得更快。我們覺得只要工作方法更精明、工作效率衝高，就可以趕上進度，甚至超前進度。**但不管我們怎麼做，工作責任總是跑得比我們的努力還快**。

我們加長工時、縮短睡眠；在辦公室解決問題，在家製造更多問題；在職場開更多會，錯過朋友聚餐、遊樂、聚會的夜晚；在工作上啟動精彩計畫，生活卻越來越限縮。我們預想自己最終會得到自由，可以決定何時停下腳步放鬆，關注健康與人際關係。但不久之後，「最終」變成「不可能」的另一種說法。**我們的生活變成學者安．伯奈特（Ann Burnett）所說的「天天馬拉松」（everydayathon）**。[2]

由於這樣的光景實在不太迷人，所以有些人選擇另一種完全不同的人生。他們拒絕虧待自己的健康或人際關係，並有意扼殺自己的職涯發展。**他們選擇不要忙碌，踩下了「野心煞車」（Ambition Brake），但這樣的選擇也是有代價的**。**踩下野心煞車或許可以保全健康與家庭，但最後卻會浪費我們的潛能、賺不到什麼錢，以及造成其他損失**。壓力和超長工時不再壓垮我們的健康和個人生活，但未能完成的職涯夢想和野心一樣會擊潰我們的靈魂。

職業婦女的兩難抉擇
——我（梅根）的故事

你們可能從名字就可以猜到，我是麥可的女兒，同時也是麥可海亞特公司（Michael Hyatt & Co.）的執行長。接下執行長之前，我當過幾年的營運長，但我從來沒有把這些職務做得很成功。

我和丈夫喬爾（Joel）結婚的時候，我在新希望學院（New Hope Academy）負責傳播工作。這是一所非營利私立學校，使命是促進田納西州（Tennessee）富蘭克林地區（Franklin）的種族和解。喬爾則是湯馬士尼爾森出版社的副總經理。

幾年後，我們決定要領養烏干達的兩個小男孩。他們都只是幼兒，卻已經歷過許多創傷，不過，我們覺得自己還是能夠接下這項挑戰，我們有耶穌、目標百貨（Target）、全食超市（Whole Foods），再加上一點愛，什麼都可以解決的，對吧？

然而，我們在一開始還是陷入了一片混亂。孩子接回家後不久，我就辭了工作，全職投入育兒。

但心理治療師和專科醫生的收費可不便宜，只靠喬爾的薪水沒有辦法負擔我們所需的協助，我得找一份兼職才行。

那時候，恰好父親成立了麥可海亞特公司。不久後，他有了兼職經理的需求，經彼此討論過後，我決定接下這個兼職工作，一週上班約十個小時。考慮到家裡的處境，這個安排看來十分完美。然而，隨著我們的公司業務一飛衝天、事業蒸蒸日上，我的十小時變成二十小時、又變成三十小時、再變成四十小時。我的職責與薪水跟著工時同步成長。其實在這兩年間，我的薪水甚至已經超過喬爾。因此，他辭掉在尼爾森出版社的工作，成為自由工作者同時照顧家裡，而我則繼續追尋這個不斷起飛的成長機會。這時候，我面臨了困難的抉擇。

隨著公司的發展，父親和我都意識到我們需要的不只是經理，而是營運長。我們都知道，我的能力可以勝任，但我也意識到，這份工作將會比之前的任何工作都來得繁重。我因此陷入兩難。我可以成為營運長，或者把小孩養好。就是這種感覺，**只能「或者」**（or），**不能「而且」**（and）。我可以選擇成為高階主管，發揮潛能，但我的孩子就會很辛苦；或者我可以專心顧家，但我就得在我已奮力撐起的公司中退居後位。我可以當職場贏家，或者成為生活勝利組，但我似乎沒有辦法兩者兼得。

工作與生活兼得的新選擇

梅根的這段經歷，完全是多年前我（麥可）和蓋兒坐在客廳裡時的心理感受。我在職場叱吒風雲，績效達標甚至超越目標；我底下有一個團隊，不能讓他們失望，他們期待達成更卓越的成就，他們也值得達到；而我的老闆也是，給予十足的信任。

當然，蓋兒和女兒們（包含梅根）也需要我。我也知道，若要成為生活勝利組，等於要把注意力放在工作以外的區塊，包括健康、友誼、興趣，以及所有讓我變得面面俱到的嗜好和休閒娛樂，忙碌與煞車之間只能擇一。

不！不可能只有這樣的選擇，一定還有更好的解決方法。

面臨困難的抉擇時，尋求第三種解決方法是明智之舉。在客廳的那場衝突，並不是我的婚姻第一次因為忙碌工作而產生問題，但蓋兒聲淚俱下的控訴，是至今為止最發人深省的舉動。我們必須找到解答，於是我開始問自己：「有沒有其他方法？不會讓我犧牲工作或家庭的方法？不會讓我只剩下無可挽回的局面、欠佳的健康、慘兮兮的戶頭數字、虧欠家人的悔恨？」最重要的是，「我能不能同時成為職場贏家和生活勝利組？」我花了好幾年研究、實驗、自我探索，終於找到了那難以捉摸的第三種選項，我們稱之為**「雙贏策略」**（Double Win）。我的公司現在就是專門在教導這個，本書的主題也是這個。

我們不是用加快或放慢奔跑的速度，來調整我們的路線。就像安迪・史丹利（Andy Stanley，譯注：美國知名靈性領袖，全美十大教會之一的北角社區教會主任牧師）說的：「能引領你到達目的地的不是志向，而是方向。」[3]我們要想像的是一個全然不同的目的地，我們要改變自己的方向，才能抵達這個目的地。

雙贏策略將工作和生活視為夥伴，而非敵人。

平衡持家與事業的新選擇——我（梅根）的雙贏故事

幸好，在我考慮是否要接下營運長職務的那段期間，恰好參加了一場會議，其中一位講者是一家成功企業的執行長，也是幾個孩子的母親，她讓我對未來有了不同的想像。她說：「我的工作沒有什麼重要的事情，不能在早上八點半到下午三點半之間解決的，如此一來，我可以提早回家陪孩子，又無須妥協公司表現。」

這是我第一次從女性高階主管口中聽到這樣的觀點，她為我打開一扇嶄新的大門。我不一定要一週工作五十小時以上，而且無暇照顧孩子。我還有第三種選擇。

我告訴父親，要我接這個工作，有一個條件，那就是我每天都要下午三點就下班，這樣我才能去學校接小孩。我想要迎接他們，全心投注在他們的生活上，不受電子郵件、工作訊息干擾，也不想被手機綁住。父親答應了，於是我接下這個職位。從此之後，我就一直按照這樣的時程工作。

我的故事就是「雙贏策略」的一個案例。**這個策略將工作和生活視為夥伴而非敵人，兩者互補並滋養彼此**。成為職場贏家能給予我們信心、快樂、經濟來源，這些都是達成個人目標不可或缺的養分；而成為生活勝利組讓我們有清明的心智、創意、充飽電的身體，使我們可以專心處理最重要的事情。

這並不是什麼抽象的渴望，而是扎扎實實的日常生活。我們就是過著這樣的生活，我們的員工和我們諮詢的客戶也是。這對你來說也是一個貨真價實的機會，當然，或許會有一些困難。

讓人過度努力的致命吸引力

對大多數人來說，我們對於自己可以實現的事情都有一種誤解，這種誤解是由於社會上的過勞崇拜所形塑而成的（編按：也就是說，人們可能誤以為只有長時間工作和努力，才能實現他們的目標或夢想）。這個信念十分普遍，從大企業到小公司都是如此，而且也有無數工作者受它控制。不管有沒有自覺、受控程度如何，都有數百萬人接受以下這些想法：

- 工作是人生首要重心；
- 有限制，就沒有創造力；
- 工作與生活的平衡只是一種迷思；
- 我們應該忙個不停；
- 休息是浪費時間，不如拿來工作。

我們也許不會有意識的把這些句子說出來，有時即使將這些概念清楚的寫出來，有些人可能還是不願承認，但這些想法的確在我們的潛意識中遊蕩，默默影響我們的思考和行動。

這種信念系統對我們的生活造成驚人影響。以健康來說，美國十個工作者中，就有八個深受工作壓力之苦。[4]在壓力之下，我們容易放棄好好照顧自己的健康習慣，讓原本的問題更加嚴重。[5]與每週工作三十五至四十小時的人相比，每週工時超過五十五小時的人，心臟病發作的機率提高一三%，中風機率則增加了三三%。[6]這都還不包含壓力造成的頭痛、消化不良、高血壓、高膽固醇、性慾降低、腎上腺素與皮質醇上升等問題，而這些全都是過勞造成的。

那人際關係呢？美國四分之三的專業工作者表示，壓力侵蝕了自己與他人的聯繫。[7]企業家的離婚率似乎比其他族群都還要高，[8]執行長的也是。

這些高壓工作本身就足以危害任何一種關係了，但超長工時和滿腦子只想著工作，更會加速婚姻瓦解。「執行長婚姻失敗，最常見的原因在於沒有花足夠的時間跟家人相處，」美國有線電視新聞網（CNN）報導指出：「執行長幾乎整天都在工作，沒在工作的時候，滿腦子也還是想著工作。」報導引用一位律師的話：「最後你的婚姻支離破碎，丈夫和妻子幾乎過著互不相干的人生。」[9]

過勞也會降低工作滿意度、摧毀生產力，而且還不只這些。耶魯情緒智力中心（Yale Center for Emotional Intelligence）近期一份研究調查超過一千名美國員工的工作投入與倦怠的程度，發現二〇%的員工工作投入很高，但倦怠問題也很嚴重。他們都對自己的職業充滿熱忱，但同時深受工作壓力之苦。[10]

持續不斷的壓力與焦慮，也折損了我們思考與決策的能力。我們失去往常的判斷能力，犯錯的次數比平常還多。[11]這樣的結果不只讓我們表現變差，還會成為一個惡性的反饋迴路。尤其，**過勞崇拜本身就是一個自我增強（self-reinforcing）的信念系統。當過勞時，我們傾向的解決方法是做更多工作！**

這就是經濟學家布萊恩．卡普蘭（Bryan Caplan，譯注：美國喬治梅森大學〔George Mason University〕經濟學教授）所稱「思考陷阱」（idea trap）的一個經典案例。[12]

好的想法產出好的結果，好的結果又會強化好的想法。但就如卡普蘭所言，反之亦然。不好的想法產出不好的結果，而不好的結果又會強化不好的想法。「只要掉進陷阱，」卡普蘭說：「通常我們該做的就是運用常理跳出陷阱，但人在絕望的時候，常理就不再那麼通用。」[13]

要脫離過勞崇拜，就要用新的好想法來打破惡性的反饋迴路，所以我們寫了這本書，我們想為跟我們一樣在事業功成名就的夥伴，介紹一些得來不易的常理。在接下來的篇幅中，我們不只會說明對過勞崇拜的反對立場，還會介紹一條經實證有效的路，讓你創造屬於自己的雙贏。我們現在就開始吧。

雙贏策略的「五大原則」

成功人士常覺得自己不得不超時工作的原因很多，有些是好的，有些不太好，有些則是工作本身的特性所致。我們會在下一章探討這些原因。

在這裡，我們要先簡單介紹對過勞崇拜的相反建議，也就是「雙贏策略的五大原則」。以下是五大原則的簡介：

❶生活有很多重心，工作只是其一

人生除了工作，還有很多面向，但家人、朋友、社群、身心健康等，常在我們追求職涯發展時被邊緣化了。**過勞崇拜掩蓋了這樣一個事實：只有生活大多數面向都能發展得好，成功才有可能長久**。但要做到這些可不容易。

科技讓工作從辦公室延伸至夜晚和週末的時間，破壞其他能提高生活品質的活動，侵蝕我們的個人生活與專業能力。鼓勵員工不斷加班的文化，等於毀掉一開始讓員工表現良好背後的支持結構。

生活有很多面向，成功也是。我們知道你會翻開這本書，是因為你相信我們說的這點是真的，只是缺乏正確的工具來保護工作以外的面向。我們會在接下來的篇幅陸續教你。

❷有限制更自由，產能創意全提升

剛出社會時，沒有人教我們要珍惜有限制的力量，但我們的時間、金錢、精神、心力、創造力其實都是有限的。既然不可能什麼事都做，生活的限制就會逼我們做出選擇。**我們必須決定要把我們的時**

間、**金錢等用在哪裡，以及如何運用**。

有了限制，我們反而收穫更多。我們精進的不只是生產力，還有理清思緒的能力。我們也能自由投入生活所有面向，而不是限於被電腦或手機綁住的領域。諷刺的是，這時候我們卻不願意承認，生活的限制會讓我們成為更好的自己。**但如果願意擁抱限制，就可以讓它們成為幫助我們成功的助力**。

❸工作與生活具有動態平衡

很多人覺得工作與生活的平衡，是一種天方夜譚的迷思，因為他們預設的工作與生活的平衡，就是要努力達到禪一般的平衡境界，比例或排列都得臻至完美。唯有達到這樣的境界，一切才能大功告成，因此既然我們難以達成這樣的境界，達到平衡也就成為無稽之談。但這並不屬實，這種境界也不是我們想達到的目標。

工作與生活的平衡並非靜止不動，而是不斷在改變。就跟體操選手走平衡木或雜技演員走繩索一樣，隨時都要調整自己。要達到平衡，我們就要能預測和處理各種變化，也要用心衡量生活不同面向，讓每一面向都得到應得的照顧。這不是說要完美分配我們的心力與興趣、時間與潛能等，而是不要因為我們眼睛沒看到、忘記留意，就落掉應該要掌握在手中的重要事物。文化和職場帶來的壓力，讓這件事對職業女性來說尤其困難。我們接下來也會討論這個現象的原因以及可能的解決方法。

❹不事生產其實充滿威力

成功人士聽到可能會覺得很刺耳，但生活中很多充電活動本身就是目的，如嗜好、藝術、育兒、交友、音樂、品酒、手工藝、遊戲等。

成功人士很難接受這個說法，因為成功人士什麼都要數據。這件事如果不能測量，就代表不重要。我們太習慣要求投資就一定要有報酬，覺得這超重要。但不是每一件事情都得有目標，不是每一件事情都可以計算投資報酬率，至少短期內無法。還有一個更頭痛的心態，是相信有成就就是好事，沒有辦法達到成就，這件事就一點都不重要。我們將會發現，一事無成其實對我們大有幫助。

❺高成效靠「睡眠休息」立基

過勞崇拜輕視休息，認為睡眠沒有商業價值。事實上，有些人還會把睡眠視為敵人。如果不好好留意，我們可能會把休息當作必要之惡，因為是生理需求所以不得不勉強配合，才能繼續工作、消耗能量。

更不用說已經有多到不行的證據證實，睡眠可以修復我們的身體與心靈、讓我們思緒清晰、表現更好。睡眠不僅是提高生產力的祕密武器，更是生產力的基石。

過勞崇拜	雙贏原則
• 工作是生活的首要重心	• 生活有很多重心，工作只是其一
• 有限制，就沒有創造力	• 有限制更自由，產能創意全提升
• 工作與生活平衡只是一種迷思	• 工作與生活具有動態平衡
• 我們應該忙個不停	• 不事生產其實充滿威力
• 休息占用了可以做更多工作的時間	• 高成效靠「睡眠休息」立基

如果我們輕視睡眠，就無法理解當我們和團隊都受到睡眠剝奪（sleep deprivation）時，會產生什麼負面的後果。我們會發現，睡眠其實是一種主動技能（active skill），我們會對刻意休息有全新的認識，視它為啟發與維持工作與生活創造力的好工具。

免犧牲，小改變就能全盤皆贏

多年來，我們都為工作犧牲了很多。我們相信這樣的交易不值得，不只侵蝕了個人生活，更折損了專業表現。而我們之前好幾年都沒注意到、可能你現在也沒想到的是，這些目標沒有兩者協力是做不到的。如果我們想透過犧牲其一來成就另一項，我們終究會兩邊皆輸。

因為這樣，我們幫每一個原則都配了一項練習，幫助你實行這些原則，逃離過勞崇拜。我們有信心，在你遵循這些原則之後，你會看到自己的人際關係、健康、幸福都逐漸轉好，工作滿意度和專業表現也會有進步。事實上，你會變得比以前更有生產力、更有創意，也更加精明幹練。

過去這八年，我們麥可海亞特公司旗下的團隊已經諮詢過數千位企業家、行政高層、非營利組織領導者。他們都和你一樣，面臨這個困難的選擇。而他們也像我們一樣，不想贏在職場、輸在生活，也不想反過來。所以他們投入雙贏策略，也取得不錯的成果。

這幾年來，我們看到領導者收入增加，同時工時卻減少了；我們看到他們成就驚人，同時個人生活也非常順利；我們看著我們高階主管訓練的客戶在工作上更有效率，同時也全心投入家庭生活。他們需要的只是一個新方法，也許你也跟他們一樣。

感謝許多客戶允許我們在本書分享他們的故事。你會在他們的故事中看到，雙贏策略可以帶來多少驚人的報酬。

把船轉向永遠不嫌晚。想想看，如果你和你的公司只是單純的全速前進，而非巴望著目標實現，那會發生什麼事？忙過頭的生活並非獲益的必備條件，而是缺乏想像力的展現。

如果你全心相信忙碌謬誤，或預設除此之外只剩野心煞車可以選，那麼請你想像另一種選擇：如果你真的有時間發展事業，同時顧好人際關係，還能照顧自己，那你的生活會變成什麼樣子？聽起來是不是很有吸引力？是否像是你一直都想親自體驗看看的美好生活？如果是的話，那我們就出發吧。

第 2 章

過勞崇拜，
只會迎來失敗

工作能賦予人高尚的道德，也能把他變成動物。

——義大利俗諺[1]

賠上健康的超時工作者
——凱爾（Kyle）的故事

凱爾是一位連續創業家（serial entrepreneur），他創業多次，其中有些失敗、有些賣出、有些為他所有。除此之外，他也幫一間大型法律服務公司工作。這間公司估值高達四千五百萬美元，在美國明尼蘇達州的明尼亞波利斯（Minneapolis）、紐約市、佛羅里達州的西棕櫚灘（West Palm Beach）、舊金山都有辦公室。他帶領的團隊有三百六十五人，負責營運、科技、創新等業務。凱爾幫這間公司成長到一億美元，後來老闆把公司賣給一間私募股權公司。

凱爾承認，為了到達前面所說的成功目標，他在那段時間「精力和重心全放在工作上」。為此，他妥協了家庭生活，還因為一半時間都花在出差而疏於照顧自己。

一直處於身體疲憊、心神耗竭的情況下，凱爾已經筋疲力盡，但他十分執著，對自己期許很高。他想讓父親刮目相看，而他父親在凱爾年輕的時候，大概有六到七成的時間都出差在外。然而，他沒有辦法一直持續同樣的緊湊步調，長期忽略健康，終究要付出代價。

當時，凱爾和幾個同事在佛羅里達州西棕櫚灘的高檔海鮮牛排館用餐，他們那時候手上正在忙一個很大的案子。聚餐快到尾聲時，凱爾開始頭暈。從椅子上站起來的時候，他暈了一下。他想讓自己站穩，但仍感到有些吃力。「從大廳走到大門的時候，我突然整個人摔下來倒在地上。」

凱爾的同事把他扶起來，扶著他走到車上，並把他帶回飯店。回飯店的這段車程並沒有讓凱爾好轉，反而是他看起來真的太糟糕了，所以同事決定晚一點要再聯絡他，確認他的情況。而凱爾的確狀況不佳，後來同事打電話給他時，凱爾已經陷入昏迷。

同事意識到凱爾沒接電話這點很不對勁，所以說服飯店幫他們打開凱爾房間的門。「他們發現我倒在浴室地板上，躺在一片血泊中，」凱爾說：「他們趕忙把我送到急診室照核磁共振（magnetic resonance imaging, MRI）。」這時候凱爾已經沒了呼吸。「我不能呼吸，也沒辦法吐氣，」凱爾說：「我記得的最後一件事，是有一個醫生突然出現在我面前，捧著我的臉說：『凱爾，你會沒事的，撐住』。」

三天後，凱爾被送進加護病房。他說自己一直以來信仰都很虔誠，但那時候他覺得自己是真的前所未有的「接近主耶穌」。「我承認我先前的生活方式一直不太對，」他說：「我並不喜歡這麼瘋狂的步調，我的生活失去平衡，還讓自己身陷死亡風險。很幸運我現在有了第二次機會，可以扭轉一切。」

凱爾把自己逼得太緊，所以罹患了症狀較輕微的非典型肺炎（譯註：肺炎黴漿菌感染症，又稱為會走路的肺炎）。他一直有在服用抗生素，但醫生說他的免疫系統已經變得很虛弱。在那個致命的夜晚，凱爾吃了龍蝦，餐盤上的細菌損害了他的呼吸系統，並攻擊他的胃，造成他大量出血。

養病期間，凱爾從他的瀕死經驗開始反思：「我記得當時自己想著：『我什麼都不想錯過，家人的各種重要時刻，我都想參與。』當然我不可能真的什麼都參加，但還是有一些場合，是我真心很想在場的。問題是，我被工作綁住，時間就這樣溜掉了。一回頭我才發現，三年就這樣沒了。我常回想：『時間跑到哪裡去了？我都把時間花在哪裡？這些事情現在看來真的那麼重要嗎？』」

科技進步，工時卻未縮減？

一份調查執行長如何利用時間的研究指出，執行長在週間通常每天會工作約十小時，週末大部分會再工作八小時。除此之外，在大多數放長假的日子裡，他們還會再多工作個二．五小時。這份研究總計執行長每週工時平均為六十二．五小時。[2]當然，如果把他們在非上班時間分神想工作或被工作煩擾分心的時間算進去，那就遠遠不只這個時數了。

現代科技讓過勞成為常態。韓國勞動研究院（Korea Labor Institute）的研究發現，智慧型裝置讓每週的工時增加超過了十一小時，尤其是下班之後。[3]另一個針對行政高層、經理人、專業人士的研究指出，智慧型手機更讓每週的工時延長到七十小時以上。[4]

這並不代表專業人士在這些時間都全心傾注工作，這些時數通常代表他們大多數工作日被困在會議中時，還會透過打字、滑手機、口頭交代的方式，來處理電子郵件、訊息、報告、任務等各種大小事，或至少在監督其他人的工作。這些事很常發生，所以七十小時的工時可能是少算了。

一份未發表的哈佛商學院研究指出，專業人士每週工作或顧著工作的時間超過八十小時。[5]別忘了，我們一週只有一百六十八小時，而這樣的高工時肯定會排擠掉家庭、交友、休息、娛樂、甚至是生活日常事務的時間。

他們以為
有了現代科技
之後，我們
會變成這樣。
有了現代科技
之後，
我們其實
變成這樣。

根據上世紀的專家和理論學者的預測，以上這些都不應該發生。科技應該要幫助我們脫離超時工作，而非拉長我們的工作時間。他們預測自動化會讓我們有大把自由時間。例如，在一九三〇年，約翰・梅納德・凱因斯（John Maynard Keynes，譯注：一八八三～一九四六，英國經濟學家，主張應由政府以「看的見的手」推動經濟發展，被譽為「經濟學界的愛因斯坦」）就說人類以後一週只需要工作十五個小時。「一天工作三小時就足以滿足我們大多數人邪惡的心靈。」他說。[6]

一九三二年，哲學家伯特蘭・羅素（Bertrand Russell，譯注：一八七二～一九七〇，英國哲學家、數學家、社會活動家，曾於一九五〇年獲頒諾貝爾文學獎）說：「現代科技可以大幅減少生產所有人生活必需品的勞動時間。」他認為一個人只要工作四小時就足以過活。羅素這個說法講了快十年，許多人也持相同的看法。[7]

從一九一〇年代開始，就有一些作家和評論家開始推測，人類未來一天的工作時數可能會少於六、四、三，或甚至兩小時。在他們想像中，唯一的問題就是要怎麼利用剩餘的時間。「接下來你可以做的任務，可能會是比較不重要的家務瑣事，而嗜好與興趣會占用你大部分的精力。」一九三二年，一位名為克里福・佛納斯（Clifford Furnas）的化工教授這麼說：「要做什麼呢？要怎麼樣才不會惹麻煩？」[8]

這類的想法在二次世界大戰之後都還存在。一九六二年首映的卡通《傑森一家》（*The Jetsons*）想像未來每天只需要按幾下按鈕，就可以完成工作。當卡通中的主角喬治・傑森（George Jetson）因為工作「整整兩個小時」而從惡夢中醒來時，他的妻子珍（Jane）說他的老闆是在開血汗工廠。[9]

這部卡通的編劇寫的，正是當時對未來工作想像的主流說法。「到了二〇〇〇年，」《時代雜誌》（*Time*）在一九六六年預測道：「機器生產效能會變得非常高，讓美國所有人都財富自由。」[10]

當然，這些先知都講錯了，至少有一部分講錯了。一天工時十二到十五小時是體力勞動者的日常。大部分做這種工作的人，現在工時確實下降了，但知識工作者、行政高層、經理人、創意工作者等專業人士的工時卻沒有下降。為什麼會這樣？

渴望卓越可能源自於創傷
——我（麥可）的故事

我在貝勒大學（Baylor University）讀到大四時，加入了位於德州威科（Waco）的沃德出版社（Word Publishing），職位是全職行銷總監。我真的欣喜若狂。當時，沃德出版社是全世界宗教書籍出版界的佼佼者，出版許多暢銷作家的書，如葛理翰（Billy Graham）。[11]

只有一個小問題：我會得到這個工作，是因為我是很棒的業務，而不是因為我在行銷方面很強。我其實完全沒有行銷經驗，現在卻突然要負責所有廣告、銷售、消費者行銷、大出版社公關業務，再加上管理一位員工。

因為能力不足，我很怕被發現不夠格。我會幻想人資主任來敲我辦公室的門說：「麥可，你已經露出馬腳了。我們知道你一點經驗都沒有，既然你完全不知道自己在做什麼，那我給你十分鐘打包走人。」這樣的恐懼成為我的動力，以證明自己比別人更能勝任這份工作。

另外，我天生就有一種永不滿足、追求卓越的動力。根據我在優勢探索網站（StrengthsFinder，編按：一個性向測驗的網站，主要幫助個人找出自己所擅長或較強的能力）的測驗結果，我最強的能力叫做「成功者」。我喜歡一階一階往上爬，我深愛成功的感覺，也很愛一關接著一關破，不停努力打破上個月的業績。而這些都導致我的工作時數變很長。

在這段職涯初期，我都會早上五點進辦公室，下午不到六點不離開，我甚至會因為這麼早離開公司而覺得有罪惡感。我都在辦公桌前解決午餐，所以我一天工時就是十三小時，這還不包含開車通勤的時間。我常常要不是在公司待到很晚，就是回家狼吞虎嚥跟家人吃完晚餐後，坐在躺椅上，匆匆拿出公事包繼續工作。而每個週六我通常也會進公司。

我一週工作七十到八十小時，有時候還更多，但我漸漸習慣了這種折磨人的步調，或至少漸漸麻木了。我的老闆愛死我了，稱讚我很敬業。他給了我需要的加薪，我也很快就升職了。當然，升遷代表有更多責任，這又讓我壓力更大、工時變得更長。

當我追求卓越、享受我的高薪和事業高峰時，蓋兒正獨自在家忍耐著孤軍奮戰。那時候，我們有兩個年紀都還很小的孩子，她真的很需要放鬆一下。她不希望我們聚少離多；她想要好好吃晚餐，坐下來聊聊今天發生的事，也許晚上還可以散散步，就像一般夫妻生活一樣。

幾個月過去，我們對彼此越來越不耐煩。有一天晚上，情勢來到臨界點。「妳知道嗎？」我情緒爆發：「我真的覺得這是妳的問題，妳才是腦袋壞掉的那個人。」

現在光是回想，我都還會感到羞愧，但當時的我還沒說夠。「去看諮商師，把自己的問題搞好，」我說，還加了一句：「錢我會付。」我把妻子送去看諮商師，而我繼續一週工作八十小時。事實上，我才是腦袋壞掉該檢查的那個！

蓋兒和心理治療師皮博士晤談幾週後，某天晚上她回來向我說，皮博士希望我也加入下一次的晤談。「這是妳自己該處理的事，」我氣沖沖的說：「我只是旁觀而已。」我還問能不能把諮商過程錄下來，我就可以在開車通勤的時候，把錄音檔播來聽。「我沒時間搞這個，你知道我每天工作時間有多長吧？我做這些都是為了要成功，我是為了我們。」每一個工作狂都會講這種話，做這些都是為了別人。

「我了解，」蓋兒的態度堅定：「但皮博士很堅持，他覺得除非你願意加入，否則我們無法解決這個問題。我們不會錄音，諮商不是這樣進行的。」

最終，我答應了。第一次諮商有如世界末日的來臨，我下班直接開車到諮商室。蓋兒已經到了。我們說些客套話之後，皮博士就請我跟他說一些自己的背景。我說越多就越覺得放鬆，諮商沒有我想的那麼糟糕嘛，我早應該知道的。

「麥可，」終於，皮博士問了：「你覺得為什麼你會這麼努力？」

我完全沒預料到這個問題，皮博士就這麼突然直指核心。我恍然大悟，我為了追求自己的成就，拋棄了蓋兒。我開始哭泣，我也許騙得了蓋兒，但騙不了皮博士。我的婚姻出問題不是因為蓋兒，而是因為我。

問題就這樣凝結在空氣中。為什麼我會這麼努力？我知道一開始是因為害怕失敗，但一定不只是因為這樣。不全是為了追求財富。沒錯，我的確嚴重低估了養育孩子花費有多高。蓋兒很常跟我拿錢，這也很合理。我發現自己不斷往前奔跑、更加努力工作，以免被麻煩追上，但難道這不是每一個人都會遇到的事情嗎？答案仍然不只如此。

我後來幾週又回到皮博士的諮商室。在這段期間，我發現問題源於青少年時期。要完整講述這個故事太過冗長，但簡單來說，就是那時候的我從一個非常親密的人身上感到深切的失望，甚至是背叛。而我的回應方式，就是在內心深處默默發誓：「我要做一些與眾不同的事，活成更好的自己。」這便成了我人生的動力。

這個誓言在我內在的運作系統下寫成新的指令。它在背景默默運行，太不顯眼，我大多數時間根本就沒有察覺，但這個誓言卻形塑了我對自己的存在和各種表現的看法，尤其是工作。

多虧蓋兒和皮博士，我才發現我可以重寫這個指令。我不再需要遵守青少年時期做出的承諾，我不一定要透過長大成人變成工作狂，來補償我青少年時期忍受的一切。我曾覺得超時工作是種榮耀，現在我發覺超時工作是病態。我真希望我可以說，跟皮博士諮商這幾次，我就永遠逃離過勞崇拜了。但很可惜，我花了幾年才終於掙脫。雖然凱因斯等未來主義者和預言家曾想像工作的縮時未來，但超時工作對今日大多數的我們而言，仍是一種持續不斷的誘惑。為什麼呢？

沉迷「過度工作」的背後動機

經驗和研究都告訴我們，過勞工作的原因有很多。其中有些原因甚至就關乎工作的本質，所以要避免過勞工作的負面連鎖效應，可能比我們想像的還要難。以下原因雖然未臻詳盡，但的確可以讓我們看到自己面臨了什麼樣的挑戰：

❶工作其實很好玩

《經濟學人》（*Economist*）資深編輯萊恩・亞凡特（Ryan Avent）說明自己從早上五點半開始的工

作排程，並介紹他怎麼在家和公司之間來回，在一天的開始和結束為孩子騰出時間，其他時間則處理工作：寫作、編輯、閱讀。「我努力不懈的工作，幾乎是不知道要停。」他說：「有個笑話我現在才懂，就是工作很好玩。」[12]

對今日大多數人而言，過度工作仍是一種源源不絕的誘惑。為什麼呢？

我們懂，我們熱愛自己的工作。大多數的高層、創業家、我們認識與訓練的專業人士，也都很愛自己的工作。這是未來主義者沒有計算到的，大家會（也的確）享受工作！

亞凡特承認很多工作「吃力不討好」，但他說在知識工作中，大多數苦力工作都已經被移除、自動化或外包了。因此，亞凡特說：「我們這些有幸能領到高薪的少數專業人士，每天做的工作就是跟各種人才合作，解決複雜又有趣的問題，很好玩。我也發現，我竟然願意為此投入大量的時間。」[13]

亞凡特承認，這樣的生活壓縮了和家人相處、培養嗜好和休閒娛樂等時間。但從他上述簡短的描述來看，他似乎適應良好。當然，這與我們先前看過和之後會看到的更多案例相比，狀況可說是天差地遠。

工作的樂趣不該被打折扣。就算不喜歡工作的某些面向或它帶來的壓力，我們還是可以熱愛和重視解決問題、提早交件、送出報告、寄出產品為我們帶來的美好感受。

「頂尖的專業人士就像這個時代的工藝職人。」亞凡特說：「我們對文字、數字、程式碼等我們自選的素材進行設計、製造、打磨、精進、修整瑕疵並拋光。到了一天的尾聲時，我們可以往後靠向椅背，欣賞自己寫好的文章、談妥的案子、成功運作的手機應用程式，就像以往工匠欣賞自己的作品一樣。」[14]

❷帶來個人成長與認同

凱因斯等人也低估了個人或團隊解決難題後，得到的心靈滿足和成長。哥倫比亞大學教授艾德蒙・費爾普斯（Edmund Phelps）說：「凱因斯沒有提到創新（有創意的解決問題）為工作帶來興奮感與個人成長的功能。」[15]

如果認為工作主要只是為了物質與生理需求，那我們就是在騙自己。工作也能滿足內心深處的需求，我們不斷工作的同時，也在馬斯洛（Maslow）的需求層次中往上爬。不管你有沒有意識到，大多數人都是透過工作來達成自我實現（self-realization）。費爾普斯指出，「自我實現」這個人類的基本需求，主要都是透過工作來實現，而且這個現象已經存在好一陣子了。

哲學家艾倫・狄波頓（Alain de Botton）就提到「工作」：「是與愛並肩……提供生命意義的主要來源。」[16]我們可以試圖討論這樣的說法是好是壞，但爭論這個問題其實並沒有意義。最好的作法是，要意識到如果沒有留意工作的風險，那它可能會帶來反效果，並造成傷害，就跟很多好的嘗試一樣。

這段過程的拉力十分強大。當工作壓力逐漸攀升，我們回應的方法就是運用才智、發揮能力、磨練心性。我們在工作上花費更多精力（也許因而剝奪了家庭時間或其他方面的精力），並因自己的努力獲得成就感。我們追求成就時精力充沛，成就也讓我們充滿活力。**贏的感覺很好，但如果不留心，我們就會因為追求成就而忽略其他需求，引發種種危機。**

❸創造心流體驗

亞凡特還提到成就感與工作過程本身有關，尤其是我們全心沉浸在挑戰中的狀態，也就是心流（flow）。這個詞是由心理學家是米哈里．契克森米哈伊（Mihaly Csikszentmihalyi）提出。契克森米哈伊說明，**心流體驗來自清楚又困難的目標，這類目標需要我們發揮最佳思考能力與心力才能完成。處在心流狀態時，我們會全心專注在眼前的任務，忘卻自我，時間也快速流逝，完全沉浸在當下時刻與眼前的任務中。**[17]

並不是任何工作、任何時刻都能進入心流。有時候，工作會讓我們覺得自己很爛，這時候我們就會擔憂、焦慮，甚至恐懼。反之，有些工作也可能完全無法讓我們發揮，這時候我們就覺得無聊透頂。[18]無論是哪一種極端，都會讓人漸漸無法投入。契克森米哈伊指出，比起其他時候，受試者在這類工作時會更想要離開工作場域到其他地方，[19]這對男性工作者來說尤其如此。《呆伯特》（*Dibert*）漫畫系列和情境喜劇《我們的辦公室》（*The Office*）就是在講這種經驗，我們都曾被毫無意義的代辦事項或難搞經理這類爛事搞到發瘋，所以當看見這些漫畫和劇集時，我們會感到好笑，就是因為這些都是真的。

雖然工作有很多討厭的地方，但工作也讓我們有很多機會可以體驗心流。契克森米哈伊的研究證實，人在上班的時候，有一半以上的時間都在體驗心流，[20]而這對懂得把工作中容易分心和無聊的任務消除、自動化或外包的人來說尤其如此。創業家、高階主管、大主管、創意工作者等專業人士在發展事業和服務客戶時，有很多充滿成就感的時刻，因此沉浸其中的時間可以非常久，他們表示自己有約三分之二的工作時間都沉浸在心流之中。[21]

❹給予明確成就

做喜歡的事情也可能會產生心流，如下廚、玩音樂、運動，但工作以外的生活面向有時候感覺不太能讓人進入心流。[22]產生心流的其中一個條件是回饋，也就是讓你知道做得好不好的績效指標。我們在心流中處理當下得到的回饋，並提升表現。工作不僅擁有清楚的目標，精進我們的技能，還會在過程中提供回饋，讓我們衡量自己的表現。生活的其他面向就不太會這樣，我們永遠都沒辦法確定自己到底做得好不好。

成功人士通常都知道工作需要他們做什麼。他們知道工作期待他們做什麼，也知道如果符合甚至超出期待的話，會得到什麼好處或福利。他們可以把任務清單上的項目打勾，往下一場勝利前進。他們便在這樣的環境怡然自得。

但比如說在家裡，就不是每一次都這樣。即使一切順利，家事也很難像工作一樣，有這麼清楚明瞭的勝利。這不是說家事沒價值，而是這些事需要的投入程度與工作不同。親密關係、親職教養、居家修繕、打掃、備餐、洗衣服……這些事根本沒有結束的一天，有些根本一點都不好玩。我們把討厭但不得不做的事情叫做「瑣事」（chore，譯注：與「家事」同字）是有原因的。

看到這些麻煩，就可以想見為什麼我們會花更多時間在工作上，因為工作帶來的獎勵清晰明瞭。工作也可以變成一種解脫，漫畫家提姆．克里德（Tim Kreider）把這種情況稱作**「忙碌陷阱」（the busy trap），也就是不只沉迷於忙碌中，而且「害怕面對沒有工作時可能需要面對的事情」**。[23]尿布、碗盤、掃除、小狗全都聲聲召喚，這不是假裝沒看到就會消失的。有時候，過度工作代表我們更沒有心力處理這些雜事，不知不覺把情況搞得更糟。如果把性別考量進去，這場挑戰會出現十分驚人的差異，我們會在第五章說明。

❺標誌身分地位和價值

「最近怎麼樣？」有人問。「忙瘋了。」我們回答。這是表示我們身分地位和價值的一種方式，還可能有一點點討拍的成分。

「壓力讓美國人覺得自己忙碌、重要、被需要，」《國家評論》雜誌（*National Review*）專欄作家佛羅倫斯．金（Florence King）說：「同時又覺得自己遭到剝奪、忽略與傷害。壓力讓美國人覺得生活豐富有趣不無聊；壓力也帶有一種情緒敏感的假設，有點像是舊世界（Old World，譯注：指歐洲人踏上美洲大陸之前所認知的『世界』，包含歐洲、非洲、亞洲）的人會說，貴族容易緊張或生氣。簡單來說，壓力已成為一種地位的象徵。」[24]

金的這段話是在二〇〇一年說的。二〇一七年，三位研究者的共同研究證實了這個說法。他們把在社群媒體上「假謙虛，真炫耀」工時長的行為和地位高的認知連結在一起。研究者發現：「工時長、沒空休息，讓忙碌的人在人力資源方面得到更高的評價，大家覺得這個人很珍貴、很受歡迎，最後就變成正向的身分地位特徵。」[25]

學者安．伯內特也注意到類似的現象。她分析數千封假期信件，就是大家每年都會寄給親朋好友、報告自己近況的那種信，發現「忙碌」的概念不斷出現。有一封信寫著：「我們就是忙、忙、忙。」另一封信寫說：「我們的行事曆一直都滿得很誇張，但最近更誇張！」伯內特注意到，大家好像很喜歡炫耀自己有多忙、壓力多大、有多煩惱，好像匆忙過活，就跟打出全壘打或考上一流大學一樣值得讚賞。「天哪，大家竟然在比較誰比較忙！」伯內特說：「重點在於炫耀自己的身分地位。」[26]

把事情做好，得到的名聲就有其客觀價值；而保持忙碌的氛圍，則是培養名聲的一種方法。有好的名聲，代表同儕和上司可以看到我們的價值。誰不想讓大家覺得自己很受歡迎、很重要？如果可以讓事業更上一層樓，那不就會更想做嗎？

❻對自己有超高期待

這個原因就跟其他過度工作的原因一樣，都會自我增強。「忙到不行」是老闆和我們都期待會發生的事。

我（梅根）大概在十五年前搬到一個新的城市，新接了一份高壓的業務工作。不久後，我開始出現與壓力有關的症狀，還有持續不斷的腸胃不適，無時無刻都想吐。但我不但沒有克制工作量，反而還加倍工作。即使身體已經出現狀況，我還是要工作，我一定要展現自己的能力。我覺得自己別無選擇，失敗不是我的選項，我想讓新老闆知道他沒有選錯人。

在我意識到情況有多嚴重，最後演變為壓力造成的嚴重健康問題（我後來確診為克隆氏症〔Crohn's disease，譯注：腸道不斷慢性發炎的疾病〕）之前，有好幾週的上班途中，車上的杯架上放的都是一瓶「沛普托—比斯摩爾」胃乳（Pepto-Bismol，譯注：美國胃藥，有咀嚼錠或胃乳）。為了緩解疼痛，我在開車路上就真的直接把整瓶胃乳拿來喝。

我的情況從糟糕變成糟糕透頂，病入膏肓，最後在家庭假期期間緊急送到醫院動手術。壓力對身體造成的傷害，讓我病到不得不拋下一切，花了一年密集治療。當時，我忽略了早期的生理症狀，覺得有那麼多工作，我一定要撐下去。

當然，不是只有獨自工作時才會對自己有這樣的期待。當你踏入企業界時，其實是進入了一種商業環境，可能會要求員工犧牲自己的優先事項，以公司的目標為目標。所以，老闆（通常本身就是過勞崇拜的擁護者）會要求員工要對工作有相應的熱情，且要員工二十四小時不斷線。

前奇異公司（GE, General Electric）執行長傑克．威爾許（Jack Welch，編按：被稱為二十世紀最傑出的傳奇CEO），就經常在週六加班。「這些週末加班的日子，對我來說是種享受，」威爾許回憶：「在哪裡都好，唯獨『不想上班』這種想法我從來沒有過。」[27]晚上和週末加班，因而成為合約的一部分，即使沒有白紙黑字寫出來也一樣。想升遷或保住工作，就得把自己全部奉獻出去。到後來，恐懼也會成為一種超時工作的強大驅動力，不只是害怕被發現不夠資格，還會怕自己無法負擔指派的工作量，尤其用時數或日子來算的時候更是如此。

過勞工作之後，我們可能會成為擁有一夜成功故事的明星員工。我們可能會說服自己，這些努力總有一天會值得的。只要我們可以交出好成績，或至少把表面維持好，就感覺一切都很沒事，但其實眼前所行走的橋早就中斷，我們卻沒有看到即將到來的災難。

❼跑步機效應

工作就是要完成目標，所以工作也會讓你失去目標。每一個工作任務都會有結果，也等於結束，我們為了工作目標而勞動，而這個目標總有完成的一天。就如天主教本篤會老修士大衛・斯坦德拉（David Steindl-Rast）提出的問題：「一旦你的車修好了，你要怎麼再修你的車？」[28]

如果我們從工作得到這麼多樂趣、滿足和意義感，那工作結束可能會讓我們五味雜陳。對成功人士而言，完成一個目標或計畫可能會讓他們興奮與失望參半。樂趣、滿足和意義的來源，從我們完成任務的那一刻就開始消逝。「計畫成功，就代表計畫本身的終結。」哲學家基蘭・賽蒂亞（Kieran Setiya）說。[29]興奮感消退後，徒留失落在心中。如果我們樂趣、滿足、意義感的主要來源是工作，那沒有在工作的時候，我們甚至會感到空虛或憂鬱，所以我們會做的事可想而知，就是再找一個目標、再起一個計畫。如此一來，我們便踏上了永無止盡的跑步機，跑離失望，跑向成功。一旦抵達成功，又會再次陷入失望的情緒中。[30]

為什麼我們會超時工作，甚至過勞崇拜

❶工作其實很好玩
❷帶來個人成長與認同
❸創造心流體驗
❹給予明確成就
❺標誌身分地位和價值
❻對自己有超高期許
❼跑步機效應

工作自有其道理，才能推動它本身和我們一同前進。如果把我們從工作得到的好處算進去，這其實是一種福氣。但如果我們想從工作上得到它給不了的東西，我們終究會心力交瘁。

過猶不及，與「過勞崇拜」告別

再次提醒讀者，上述理由無法概括所有情況，對於過勞工作的崇拜還包含了許多個人、文化和系統的因素，但更重要的是，要知道工作本身就有一些特點會誘使我們過度勞動，就跟酒精、食物、運動這種大家有時候會做過頭的好事一樣。如果不留心工作的風險，我們就會輕易陷入超時工作模式，損害生理與心理健康、家庭關係、社交生活等。

不過即使我們知道了，有時超時工作的拉力還是會超出我們準備好可以抵抗的程度。全美公共廣播電台（National Public Radio，NPR）製作人大衛．肯斯登包姆（David Kenstenbaum）訪問了凱因斯的兩個家族成員，兩人都承認自己經常超時工作。諷刺的是，凱因斯自己也很常這樣。「他太太對這點非常不滿，」其中一位親戚跟肯斯登包姆說：「她花了很多時間努力保護凱因斯，不想讓他傷害自己……但到最後，他沒有辦法說不。」「他死於工作太忙。」另外一位親戚說：「你知道，他的心臟跑不動了。」[31]

哲學家伯特蘭．羅素預測工作的未來樣態時，曾提及這個趨勢。他說，**我們不會因自動化減少工作**

量，反而會自己選擇超時工作。「我們很傻，但沒有理由再傻下去。」[32]相信大家都同意這點。

本章開頭介紹到的客戶凱爾已經和過去不一樣了。他加入我們的教練計畫，學到更好的工作方法。他告訴我們，這種工作方法的好處之一，就是以下這個簡單的變化：「我的組員再也不會週日早上六點，收到身為團隊領導者的我所寄的信；他們再也不覺得有義務在晚上或週末回覆我，因為我再也不會在這個時候聯絡他們。我和團隊都感到更加平靜，知道我們沒有在工作時，就不用擔心工作。我的團隊非常滿意這樣的新常態。」

我們對自己行程的掌控能力比想像中還強，雖然我們可能會對這個事實渾然不覺或拒絕承認。有時候，比起跟客戶或老闆來場困難的對話，承擔更多工作可能還容易一些。除此之外，坦誠的來場自我評估並放自己自由也太危險了，乾脆超時工作還比較安全。皮博士的提問問得很好，請你問問自己：

- 為什麼我會這麼努力？（不要問到這裡就停，請繼續詢問自己。）
- 我過度工作是不是為了尋求認同或肯定？
- 我超時加班，是不是為了要躲開伴侶或孩子？
- 為什麼別人可以也應該把工作分派出去，我卻不這樣做？
- 我是為了保住工作嗎？還是我怕如果不加班，就會被其他看起來更努力的人取代？

一旦開始問自己這些問題，其他問題可能也會浮現，而答案可能會讓你吃驚。有時候我們寧願活在自我否定裡，在工作跑步機上繼續奔跑。超時工作帶來的心理報酬（如樂趣、心流、意義感）可能會把我們帶離生活其他面向，而這會讓工作的樂趣越來越少，體驗心流和意義感的機會也越來越少。但不管你是為什麼這麼努力想把工作的地位，放在生活其他面向之上，重新找到平衡永遠不嫌晚，如果你是第一次要開始平衡，那也不會太遲。

我們在本書一開始介紹了過勞崇拜的錯誤信念，並在這一章解釋了為何超時工作的力量會如此強大。不過在接下來的五個章節，我們會介紹雙贏策略的五個原則，學習解脫的方法。現在就來看第一個原則吧。

第 3 章

好好生活，最該優先的工作

我開始好奇，為何成功……就代表得將職涯成就凌駕於一切之上。

——安・瑪麗・史勞特
（Anne-Marie Slaughter，
美國政治、外交政策與國際事務學者）[1]

原則 1

生活有很多重心，工作只是其一

硬派創新巨人的遺憾

——伊隆・馬斯克（Elon Musk）的故事

他是汽車製造商特斯拉（Tesla）的執行長，也是以殖民火星為目標的SpaceX公司執行長。除了這兩家價值數十億美元的公司之外，他還有幾個很重要的副業。[2]寫作本書期間，這位四十八歲的企業家資產淨值已達四百一十億美元，在世界富人榜排行第二十二。[3]

像馬斯克這樣充滿遠見的人，總是會成為眾人目光焦點，因為我們都欣賞他如此野心勃勃、意志堅定的想成就自己的夢想。很多領導者（或許你也是其一）都想效仿他，但我們一試就碰上了嚴重的問題。

沒錯，馬斯克是個天才，但他同時也是過勞崇拜的最佳倡導者（the honorary high priest，譯註：原文直譯為榮譽大祭司，在此隱喻為某種特定觀念的推崇者）。舉個例子，馬斯克曾建議企業家要「極度執著，死命工作」。[4]那他建議的工作量呢？「一週八十到一百小時。」聽起來簡直是地獄，這樣工作值得嗎？

馬斯克說我們應該這樣做，因為與一週只工作四十小時的人相比，我們的成就會是他們的三倍。[5]但生產力研究的發現恰恰相反：地獄式加班會讓生產力下降。就算高工時真的可以提升什麼，加長的工時也只會提高我們身體、人際關係、心理健康的火箭，在空中故障甚至爆炸的機會。

當工作成為生活重心，生活其他面向就會被遺漏。馬斯克第一任妻子賈絲婷（Justine）曾說：「馬斯克很沉迷工作。他可以人在家，心卻不在。」賈絲婷覺得自己遭到無視和忽略。「我渴望真心的深度交流，也想要親密感和被同理的感覺，」她說：「我為了他的事業，犧牲了一個正常的家庭。」[6]他們共育有五個兒子，但這場婚姻只維持了八年。

馬斯克的孩子們也覺得自己被爸爸忽略了。「其實我見他們的時間不是很夠，」馬斯克提到兒子們的時候也承認：「我發現自己陪他們的時候也可以回覆電子郵件。我可以陪他們的同時也在忙工作。」[7]那為什麼馬斯克覺得自己陪孩子時非得一心多用不可，不能專心陪伴呢？「如果我不一心多用，」馬斯克說：「我就沒辦法把工作做好。」[8]這就是工作遍布生活每個角落時會發生的事。

因為工時很長，馬斯克睡的很少。在處理Model 3車款生產問題的那段期間，馬斯克沒有回家在床上睡覺休息，而是睡在特斯拉工廠的沙發上。因為他太常這樣睡覺，粉絲還發起集資活動，買了一張更舒適的沙發送他。[9]

我們從馬斯克身上看到的教訓很明顯：忙碌謬誤會讓人陷入自我忽視（self-neglect）與貧乏的人際關係，馬斯克自己一定也有感覺到。在兩次婚姻都失敗收場後，他在一次訪談時說到：「我想花點時間跟人約會……我想交女朋友……女生一週想要有多少時間跟男友相處？十小時？最少十小時嗎？」[10]我們不是情感專家，但終身親密關係卻只花最少的力氣來維持，這是否是個好方法，我們對此抱持懷疑。

馬斯克的確是個不可多得的創新企業家，他的遠見和打造的產品都令人耳目一新，也許這種操勞的工作方法終究會讓他得到想要的成果。但長期忽略健康會不會有什麼影響還很難說，就算他是少見的例外，可以忽略工作以外的生活還過得很開心，但他的團隊做得到嗎？或者對我們來說，現在最重要的問題是，你做得到嗎？你的團隊做得到嗎？

工作只是生活其中一個重心，我們常需要這樣的提醒。生活有很多面向，只有生活大部分面向都一起盛開，成功才可能持久。有些人覺得如果有機會在職場一飛沖天，犧牲一下也值得。也許短期衝刺可以，但如果把這樣當成長期的生活方式，你將付出極大代價。你會贏了職場，卻輸了生活，而失敗的生活還會反過來侵蝕你的工作表現。

追求卓越，還是邁向地獄？

十歲的時候，我（梅根）很想學騎馬。但我們家沒有馬，也沒有辦法負擔這種昂貴的興趣，所以父母跟我達成協議：只要找到有人願意讓我用整理馬廄交換騎馬的機會，母親就會載我去。我真的太想騎馬了，所以我在報紙分類廣告上（還記得這個嗎？）刊登消息，尋找願意讓我以照顧馬匹換取騎馬機會的人。

結果，恰好我們社區中有位上了年紀的女士有匹美麗的白馬，但她無力照顧。她很樂意讓我照料這匹馬幾年，並讓我學騎馬。我練習到進入青春期，終於可以上場表演了。經過練習，我已經可以引導馬匹完美做出快步（trot）、跑步（canter）、大跑（gallop）等動作，我迫不及待要舉辦一場真正的騎馬秀了。

重要日子來了，但父親忙著新事業，沒有辦法參加。我覺得很受傷，我最在意的就是這場騎馬秀，而他竟然沒有辦法來。更慘的是，馬在表演期間突然失控，牠不斷奔跑，直到我被拋甩出去。我重摔落地，摔斷了尾椎。我還記得後來是母親開著休旅車把疼痛難捱的我載回家，而在我需要父親的力量和安慰時，他卻不在場。

父親唯一值得稱讚的是，遇上非常重要的場合時，他還是會出現，比如說畢業典禮。但老實說，其餘他沒有到場的一般場合，總是令我感到既難過又丟臉，像是一年一度的家長會，他就從來沒有出現過，因為他把「小孩的事」都交給母親來做了。從小孩角度來看，不管理由聽起來有多重要，不在場就是不行。

父親在這類事情上所做的選擇，彰顯了他對參與家庭活動的認知有多狹隘。我們想要的其實就只要他在場就好，一起吃飯、陪伴入睡，或是共度假期。雖然他認為維持家裡經濟穩定是最重要的事，但對我們孩子們來說並非如此。我們希望父親花時間跟我們相處，參與我們的成長。

由於父親的缺席，加上母親需要照顧五個孩子，身為長女的我變成了第三個家長，幫忙打掃、照顧妹妹、甚至教最小的孩子上廁所。媽媽過度依賴我來彌補爸爸未盡的責任。甚至在十四歲時，精明幹練的我還申請到田納西州的「特殊境遇」駕照（hardship license，譯注：十四歲未成年人可申請的特殊駕照，限制駕駛車種，且申請對象僅限特殊境遇家庭或有特殊需求者），這樣就可以開車出去幫家裡買生鮮雜貨。你能想像讓一個十四歲的小孩開車出門嗎？

現在我已長大成人，也有了自己的孩子，開始從另一個角度來思考父母當初的選擇。養家的經濟壓力的確可能壓垮一個人，我現在不只是知道這個道理，也已經是過來人了。但就算能理解，也不等於我能接受當初父親的選擇，我更不允許自己和丈夫這樣。我們跟我父母一樣有五個孩子，我很確定，要解決緊張狀態的這個問題，答案絕對不會是將一半以上的生活都置身事外。

工作只是生活其中一個面向，而生活的面向至少有九種。當然，這取決於你怎麼計算。我們在指導客戶時，通常會提到十種：

- 心靈
- 智慧
- 情感
- 體能
- 婚姻／親密關係
- 育兒
- 社會
- 職業
- 興趣
- 財務

每一個面向都很重要，彼此間也會相互影響。工作壓力會危害家庭關係；健康出問題，工作就會受影響；忽略財務狀況，就沒有家可以住。我們要將注意力平均分配到工作以外的世界，而且如果你不這樣做，你的職場贏家也當不久。一樣的道理，如果你感覺有一個以上的生活面向跟不上了，繼續置之不理，情況只會更糟。

只工作不玩耍，聰明都會變傻

要分辨工作是不是生活的主要面向，最簡單的方法就是問問自己在其他面向放了多少注意力。你每週或每天花了多少時間照顧心靈、智慧、情感的面向？你會騰出時間給健康、伴侶、孩子、朋友嗎？你上一次培養真正的興趣是什麼時候？

我們已經知道專業人士花多少時間在工作上了，從工作時數來看，很明顯其他生活的面向是被拋在腦後了。美國疾病管制暨預防中心（Centers for Disease Control and Prevention）就發現，運動量充足的美國成人只有不到全部的四分之一。[11] 所有工作者當中，只有三分之一會使用年假，大約一〇%的人完全沒用到有薪假。[12]

即便離開辦公室，我們還是會帶著辦公室一起走。一份針對一千名美國工作者的調查發現，超過一半的人會在家庭出遊時查看工作電子郵件，十個裡面有四個在晚餐時做同樣的事，[13]也有三分之二的員工表示會在休假時工作。[14]

有趣的是，工時變長的通常都是專業人士。凱因斯和那些未來主義者說的並沒有錯，自動化確實會減少工時，但減少的多是服務業和低技術的勞動工時。現在專業人士的工作時數，跟一九六五年相比只有持平或更多。[15]

經濟學家羅伯．法蘭克（Robert Frank）回憶起自己有一次到一位億萬富翁家吃晚餐，同席的還有一位創投家兼科技工程師。「在晚餐那兩個小時裡，他接了六通電話、寄了十八封信、想出了兩個商業點子，」法蘭克說：「晚餐結束時，他喝下最後一口酒，說：『能在家享受一場放鬆的晚餐真好。』我笑了出來，但他不知道我在笑什麼。」[16]

用「放鬆」來形容相當有意思。回到前一章討論到的過勞與超時工作原因來看，工作很好玩、成就很明確、讓我們成長、給我們活力。

若專業人士的工作符合自己的熱情與技能，那麼工作對他們來說，就是一種非常享受、開心又自在的環境，有一些人會覺得工作環境是他們最能做自己的地方，但就是因為工作如此輕鬆（至少比起生活其他面向是如此），我們可能就會忽略了其他的面向。工作成為我們身分認同的主要依據，簡直變成宗教一樣。[17]

但有意義的工作和有意義的生活，兩者天差地遠。「只用功、不玩耍，聰明小孩也變傻。」這句古老諺語是很有道理的。如果我們不懂得偶爾停下腳步，重新磨利刀子，刀子就會變鈍，要花更多力氣，才能達到相同的效果。

對我們自己來說也是這樣，我們需要照顧自己，也需要更加平衡的生活方式。如果不好好管控預防，短期職場的成功表現，通常表示有長期的生活重點犧牲了。想在職場上贏的長長久久，就要依靠其他生活面向共生融合。但是，即使我們已經很努力了，這件事仍然沒有這麼容易。

不可妥協的三大重要任務

有時候，我們會覺得被行事曆牽著走，而不是我們在控管行事曆。到底要怎麼做完所有的事？畢竟成功人士通常都很搶手，工作量會不斷增加，因此我們常會把個人優先事項的時間挪來用，自己的事先放一邊，先完成該做的工作再說。

超時工作的主要原因，就是因為我們沒搞懂最重要的是什麼，所以我們急著把要發生的每一件事處理掉，而不是持續專注在幾個不可妥協的重要任務上，即自我照顧、重要人際關係和專業成果。「我們遇到的困境比時間不夠更嚴重，」作家查爾斯．赫梅爾（Charles Hummel）說：「重點其實是事情優先順序的問題。」[18]

那麼，我們要怎麼把專注力持續投注在不可妥協的重要任務上呢？方法就是把這些非花不可的時間排在行程表上，即使工作出現沒完沒了的需求和誘惑人心的提案，也能確保我們把重要的事情全都達成。如果不先預留時間，緊急事項就會壓過重要事項。

想想每個月自己的預算。如果不先把還房貸的錢框起來，到月底剩下的錢一定不夠還。我們的時間很常就是這樣，最重要的事情永遠無法排在行事曆上，最後只能分配到剩餘的時間，所以大部分重要事項都做不到，但如果能像俗語所說「時間就是金錢」一樣，那解決問題的答案，就是留一些時間預算給不可妥協的重點，就像預留一些金錢來還房貸一樣。需要我們持續關注的重點主要有三個：

❶自我照顧

你的健康、人際關係、孩子、嗜好、工作——這些面向的核心都是你自己。你是唯一可以形塑這些生活不同面向的人。就如歷史學家理查．布魯克海澤（Richard Brookhiser）所說：「你自己就是你所面對的每個問題或人際關係中的一個要素，而且是永遠不能放回工具箱的工具。」[19]如果你沒有滋養自己，沒有成長茁壯，那你就沒有辦法完全發揮影響力，來帶動生活的其他面向。

我們常常把照顧自己當成一種奢侈，或是一種自私放縱的行為。你可能對自己說過類似這些話：

「等孩子大一點，可以睡整晚，我就會把照顧自己放優先」「等產品發布之後，我就有空照顧自己了」「等孩子終於搬出去之後，我就有時間照顧自己了」。

問題就在這裡。我們永遠沒有適合照顧自己的完美時刻，永遠會有其他需求分掉時間。如果我們不抵抗這些干擾，就會讓犧牲自我照顧變成一種習慣。

自我照顧的活動，可以讓我們在工作以外創造有意義的生活，同時又能提升工作表現。這些活動或習慣可以幫身體和心靈充電，包括睡眠充足、吃的好、規律運動、與所愛的人相處、培養有意義的嗜好、留有自我反思的時間。「自我照顧的定義不只局限在身體健康（但這也是自我照顧很重要的一環），」企業主管教練艾美．仁蘇（Amy Jen Su）說：「我們還要將注意力放在更廣的範圍裡，比如說心理健康、情緒、人際關係、環境、時間、資源等。」[20]

忽略自我照顧的後果，就是糟糕的身體和心理狀態對專業表現造成負面影響。如果已經筋疲力竭或產生倦怠，就沒有辦法好好帶領自己或他人，也就不能產出客戶、消費者、老闆、同事期望的工作結果。另外，**照顧自己也有很多好處，其中最重要的是精力、競爭力、耐力。**

大多數人都很難持之以恆的照顧自己，一部分原因是，許多人覺得「照顧自己」只是已經擠到不行的待辦清單上的其中一項而已。所以，我們覺得比較好的方法是回歸到基本面：你有沒有好好睡覺？休息是高效率、有意義工作的基礎，我們會在第七章深入討論。不用多說，目前沒有一個自我照顧的方法比睡眠還更重要，但睡眠卻常常是我們過度工作時，第一件虧待自己的事情。

那你有沒有好好吃飯呢？這裡講的不是飲食方法，而是好好餵養身體，大腦才能運作，你才能參加生活中最重要的活動。大腦雖只占身體總重量的二％，但其運作所需的能量卻占了全部的二〇％。[21]「你的大腦需要源源不絕的燃料，」哈佛醫學院前講師伊娃．賽爾胡布博士（Eva Selhub）說：「你吃的食物會直接影響大腦的結構與功能，最終影響心情。」[22]如果沒有好好吃飯，就沒有辦法好好思考。

第三，你有沒有好好活動呢？請注意，我們不是問「運動」，因為這個字會搞得我們很緊張，害我們突然急著跑去加入健身房會員或找健身教練，但其實我們需要的只是散個步而已。如果你總覺得很難做到，覺得不可能在生活中持續活動，那你可以從午休或晚餐後來場散步開始，可以的話，邀個朋友一起。

如果你擅長運動，熱愛激烈運動或活動的話，那就盡情去做吧；但如果這對你來說很難，那就把標準降低。可能早上遛狗走個十五到二十分鐘也可以。研究發現身體活動和大腦運作之間有直接相關，即使是低強度的運動也可以餵養大腦細胞，刺激新細胞生長。[23]就如研究所說，我們活動腿部的時候，也是在活動大腦。[24]

此外，身體活動可以減輕壓力與焦慮的程度，同時提升自我效能（self-efficacy，編按：對自我能力的信念，指一個人能否相信自己有能力達成目標的程度），也就是說，身體活動能讓我們更相信自己有完成艱困任務的能力，進而在工作或生活有更好的表現。這或許解釋了為什麼身體活動甚至可以跟高薪連結在一起。芬蘭學者追蹤了五千位男性雙胞胎長達三十年，觀察比較雙胞胎中較長久坐與較常活動的兩者。研究得到的結論是，經常活動和運動的人，長期所得會比較高，差別分別是一四%和一七%。[25]因此，我們可以說，提高心率可能可以提高收入。

你不可妥協的自我照顧重點是什麼呢？你又是怎麼把它們安排在生活中的？幫自己一把，將這些自我照顧的重點行程排在行事曆上。這些事應該當成優先事項，而非剩餘時間才做的事。就如同作家大衛．懷特（David Whyte）所說：「休息並不是放縱自己，而是準備呈現最好的自己。」[26]阻止你承諾好好照顧自己的問題是什麼呢？

❷重要人際關係

就跟自我照顧一樣，重要人際關係也是我們要排進行程的重點部分。對我（梅根）來說，重要人際關係就包含陪伴孩子度過放學後的時光。身為職業婦女，要達成這個目標確實很難，但這件事不容妥協，我就是希望一週五天都能在家陪家人吃晚餐。

孩子固定和家人共進晚餐會對成長有什麼影響？相關研究的結果十分引人注目。「家庭晚餐計畫」組織（Family Dinner Project）共同創辦人安．費雪（Anne Fishel）在《華盛頓郵報》（*Washington*

Post）中提到的一些研究指出，家庭聚餐可以減少青少年酗酒、抽菸、吸毒的情形，還可以降低青少年罹患飲食疾患、擁有自殺意念、出現暴力傾向、在學校惹麻煩、太早進行性行為的發生率。[27]

這樣你就知道，為什麼我會把「全家一起吃飯」這麼簡單的事情，排在優先事項前段班了。除此之外，我也希望每週能固定和老公喬爾約會；以及我們在週日也會固定前往教堂進行禮拜。這些事都沒有很複雜，但都是我重要人際關係中不可妥協的重點任務。我將這些事都排在行事曆中，就能避免不小心忘記或被其他事情壓縮到。

也許你想排進行事曆的重點任務是孩子的體育活動或表演，也可能是和伴侶一季一次的過夜放風旅行。我和喬爾已經這樣實行許久，我們都很滿意，但如果我們沒有先安排這些行程，是不可能在滿屋子小孩的情況下說走就走的。如果想成功做到，就要先規劃好。

也許你想排的是每年跟大學好友來場釣魚之旅或都市聖誕購物行；也許是跟朋友每週喝一次咖啡或每個月共進一次午餐。維繫這些關係對成功人士來說可能很有難度，但美好的友誼對個人成長和福祉是必不可少的。所以如果這對你來說是不可妥協的人際關係，那就把它記在行事曆上吧。

有一點需要注意：如果你除了工作，就沒有其他任何重要的人際關係，那其實不太健康，或至少以風險管理的角度來看並不是很好，因為只要你換了工作，你的社交網絡就會灰飛煙滅。

假設快轉到人生盡頭，有什麼是你想重來並改變的？安寧照護員布朗妮．威爾（Bronnie Ware）記錄了臨終者的遺憾。其中最常見的前五名是什麼呢？「我希望我沒有這麼忙，」布朗妮發現：「我照顧的每一個男性病人都說過這句話。他們錯過了孩子的成長和伴侶的陪伴……我照顧過的每一位男性病人，都非常後悔自己花了太多時間在工作的跑步機上。」[28]

前五名還有一個也跟人際關係有關。「我希望我有跟朋友保持聯絡」，這也是布朗妮很常聽到的遺憾。「很多人深陷在自己的生活中，多年下來，珍貴的友誼就這樣從手中溜走。」布朗妮說。[29]如果你不想要有這種悔恨，那就問問自己「我的人際關係中不可妥協的重點是什麼」？

❸專業成果

這是最後一項，但也非常重要。工作要成功，就要有成果。不管你是老闆、行政高層、大團隊一員、中階經理人皆是如此。要做到這點的第一步，就是清楚知道你負責產出的是什麼，要交出來的是什麼？

我（梅根）是麥可．海亞特公司的執行長，負責提出年度預算、發展管理團隊、建構公司願景。我將這三個專業成果銘記在心，並用這三項來管理時間和安排優先順序。即便每天都有很多值得做的非必要要求或機會出現在我面前，但因為我已經在行事曆上留了位置給「必做事項」，這些非必要的事情就會自動退散。

為了達到如此清楚的認知，你得找出你所負責工作的產出結果，列出要做哪些事情，並為這些事在行事曆留下位置。以我來說，這些事情包括訓練直屬下屬、集思廣益讓現有計畫變得更好、主持每月高階主管財務會報、為主要計畫做最終決策。我能講的出來，是因為我很清楚知道，我在哪裡可以做出最大貢獻。

這個策略可以幫助我知道何時說好、何時拒絕，而且不只是現在的決定，在未來也是如此。這點很重要，因為身為領導者，我們忙的不只是現在的事，還有明年或未來的目標。

在思考如何建構未來時，有兩個問題要考量：「今天我需要規劃什麼或專注在什麼地方，明天才能產出成果？」「我要怎麼運用自己的能力，將工作成果引導、推向更高的層次，才能把我們帶到想要的方向？」

我們會故意忽視或推遲這個問題，不想回答，是因為我們覺得自己沒時間，覺得或許可以等明年再規劃未來，但逃避處理問題代表收入會停滯不前或每況愈下。沒有新的好點子，就無法驅動收入成長。還有個也很糟糕的，就是如果你和你的事業都沒有著眼未來，就等於是拖累了自己的事業和團隊，表現最好的夥伴就不會想繼續留在這裡。

請思考未來你想創造的專業成果是什麼，並問問自己，你專業上不可妥協的重點是什麼，例如，留時間給新計畫的腦力激盪或升級基礎設施，或者如果你是領導者，那重點可能會是每季一次的員工訓練。

三項不可妥協的重要任務

❶自我照顧

❷重要人際關係

❸專業成果

在你的專業上，不可妥協的重點是什麼？把這些重點排在行事曆上後，你可能會想：「這樣就沒剩多少時間了。」這就是我們期望達到的，你的行事曆多年來一直想告訴你這件事。把行程排進來，才能看到行事曆一直想告訴你的：「時間不多，但已經足夠。」而現在，你已經考量了自己不可妥協的人生重點，沒有一件事會被遺漏，而沒有在行事曆上面的……坦白說，就不是什麼非做不可的事。

用一首歌改寫幸福人生

——克里斯（Chris）的故事

克里斯是我們指導的一個客戶。他以前二十四小時不斷線，隨時隨地都必須回覆訊息，或想都不想就去參加募款活動。但他夠聰明，換了個工作，才有時間經營婚姻、照顧孩子、保持健康。以下是他決定改變的過程。

克里斯大學畢業後的第一份工作是搞政治，在南加州一間很大的政治行動委員會擔任執行長。「基本上，我們的工作就是募到誇張多的錢，幫政治人物勝選。」克里斯說。他接觸到了加州內外的許多大人物，如國會議員、參議員、州長等，一路走到白宮裡。「我是個擁有越來越多責任和權力的男孩。」

克里斯和加州某個重要城市的市長有私交。該位市長很年輕，才剛結婚，並迎來第一個孩子。「在他競選連任期間，我跟他並肩作戰，」他說：「我開始親眼見到他無時無刻不看著黑莓機。他完全沒有跟家人見面。六點半早餐時間，他就會跟選民、贊助人、捐款人見面，到晚上跟有錢人一起參加雞尾酒派對和吃晚餐。他有兩年左右的生活都是這樣過的。他和妻子的關係就跟室友差不多。」

這個例子對克里斯來說很有幫助。怎麼說呢？因為這個例子展現出：我們雖然可以去做任何想做的事，但沒有辦法做完所有想做的事。沒有人可以只以工作為重，還能兼顧健康和人際關係。

「老實說，我沒辦法理解他的生活，」克里斯坦承：「我想說：『你的孩子才剛出生耶，你到底有沒有抱過你的孩子？』他的婚姻簡直有名無實，對吧？但是，當我正這樣想的同時，我自己也變的跟他一樣了。」克里斯發現，自己就跟朋友一樣，也逐漸放棄生活，陷入過勞崇拜之中。

「我賺了很多錢，」克里斯說：「我的人脈很廣，常被叫去和重要的領導者和捐款人共進早午、晚餐。我工作大部分都是在他們的鄉村俱樂部或第二個家陪吃飯，說服他們捐款。與此同時，我和妻子艾莉西亞（Alicia）漸漸變的如同夜晚擦肩而過的兩艘小船。有時候她還沒起床，我就要出門，天黑以後，我才會回家。」

克里斯完全以工作為重，直到他開始意識到，他正在忽略其他越來越重要的生活面向。像是他和艾莉西亞已經結婚五年，應該要開始討論生孩子的事。

有一天開車時，他開始想：「我連丈夫的責任都沒有盡到，想當然我也不可能成為那種我希望成為或應該成為的父親。……」這個想法在他腦中穿梭，而車上廣播此時恰好在播放浪行者（Switchfoot，譯注：美國搖滾樂團）的〈這就是你的人生〉（This is Your Life）：「這就是你的人生，你有成為想成為的人嗎？……一切都如你所想嗎？」當歌曲持續演唱，他卻再也無法冷靜，不得不把車停在路邊。

「我開始哭泣，」他說：「我知道自己做了什麼，而我成為的我這個人並不是我想要的。這不是我應該扮演的角色，不管在公司或家裡都一樣，尤其是我一直都夢想著要成為一個好父親。」對克里斯來說，此時是個關鍵時刻。

「寶貝，我想離開政治圈。」克里斯回家對艾莉西亞說。他不知道艾莉西亞會有什麼反應。辭掉他唯一的工作可能讓事情大亂，但艾莉西亞知道眼前情況有多嚴重。

艾莉西亞從廚房桌上抽起一張廚房紙巾。「好，」她說：「我們來看看可以怎麼做。」她開始羅列清單：「我們擅長什麼？我們之前讀的專業是什麼？我們有什麼才能？有什麼興趣？」

透過在紙巾上腦力激盪，克里斯和艾莉西亞找到了一個新的創業計畫，這個計畫後來成為他們主要的收入來源。他們也善用我們所提供的生產力方法與工具，設計出了一套全新的生活方式，讓他們可以在家工作，且有彈性和餘裕經營家庭生活。

以往克里斯總是因為沒完沒了的政治募款活動，而錯失在家用餐的機會，現在的克里斯幾乎每週都和家人一起吃飯。克里斯創造出健康的工作與生活雙贏模式，連他的女兒都注意到了。「爸比，」最近女兒告訴他：「我希望我未來的老公也可以跟你一樣，一直都在家。」

克里斯非常開心自己做出這個決定，空出更多時間給也很重要的非工作事項。而且他其實也在教導員工，讓他們理解工作上要持續成功，就要仰賴工作與辦公室以外的生活共生融合。

他告訴員工：「該把工作做好的時候，就把工作做好，但如果你的女兒星期三早上十點在學校有演奏會，就參加吧；如果有一天你想跟兒子在學校吃午餐，就去吧。我們讓工作日充滿彈性，我很感謝你們對工作的努力，但你的生活還有伴侶和孩子。請保證他們在你生活中都留有該有的位置。」

雙贏練習 1

定義專屬自己的雙贏

伊隆・馬斯克是個充滿吸引力的人物，但除非你只想獲得單方面的成功，而且還想冒著連這也有可能失去的風險，否則我們鼓勵你想像另一種不同的現實生活。

你不一定要整天活得喘不過氣、壓力山大、灰心喪志、靈感枯竭。**我們所說的新的現實，就從「想像」不一樣的未來開始**。很多領導者在這裡必須暫時摒棄「一切都不可能改變」的想法。我們曾訓練過非常多客戶，他們都誤以為自己注定要接受這種錯誤的現實。

老實說，多數人都把自己當成受害者，像是這種壓力不斷的生活方式是人們逼我們做的，而不是我們自己主動做的。以某些方面來看，我們的文化增強了「我們無力改變，只能隨波逐流」的觀念。

我們在思考超時工作的原因時，常把焦點放在文化與系統性的層面。藉由將原因外化的作法，我們就覺得自己不用負責。你的工作環境對超時工作一點概念也沒有，這是完全有可能的。如果是這樣的話，你可能要考慮換工作；但如果你深愛你的工作，那你就要擔起責任，思考可以改變的地方並付諸行動。如果你無法負起責任，過勞崇拜文化的湧動就會像急流一樣將你沖走，讓你離雙贏越來越遠。

你是有選擇的。你可以選擇按照自己訂好的計畫，過著有目標的生活；或者你也可以配合他人的需求，沒有計畫的隨遇生活。前者是積極主動，後者是球來才打。沒錯，你沒有辦法什麼都先計畫好，事情總會不如預期，但如果我們積極主動，一開始就把目標放在心上，善用行事曆活出夢想人生，那麼完成最重要的事情就會容易的多。

要開始這樣的過程，第一步就是承認我們不是超人。我們沒穿披風，無法完成不可能的任務，做完所有出現在眼前的事。既然不可能完成所有事，我們就不能把完成所有事情做為成功的定義。停下腳步，搞清楚我們追求的是哪一種成功，這非常重要。

比較實際的作法，是**將「贏」定義為「把對自己來說最重要的事完成」**，無論是在工作中或家庭裡。我們談論的是那些可以產生成果的事情。只有你自己才知道這對你來說意義為何。這是好事，因為你可以自己定義你的成功。

迪士尼前總裁安妮．史溫尼（Anne Sweeney）是這樣說的：「用自己的話定義成功，用自己的規則達到成功，創造出自己引以為傲的生活。」定義工作上的成功時，想想以下這些問題：

- 我可以貢獻的特殊能力是什麼？
- 只有我可以做到的事情有什麼？
- 我做的事情裡，有哪些可以產出最大成果？

- 我的技能與能力，在哪裡最能和熱情與興趣相匹配？
- 三年後，我在專業上想達到怎樣的成就？

對我（梅根）來說，我知道我贏在工作的時刻，包括達成或超越財務目標、我的領導者團隊在領導力和工作表現都有成長、代表高層出席會議，深知自己貢獻良多、積極增強自己的領導力和創造公司願景等。我贏在工作的時刻，並不是參加每一場會議和每一件事都由我決定。這根本不可能，也絕對不是我想要的。

在定義家庭生活的成功時，則可以從這些問題開始：

- 我要把時間花在哪裡，才能讓我愛的人感受到我愛他們？
- 我希望對我最重要的人怎麼記得我？
- 我可以做什麼，來維持應有的自我照顧和身體健康？
- 我可以做些什麼讓婚姻幸福美滿？

對我（梅根）來說，贏在家庭生活代表在家等孩子放學、幫他們開門；代表一家人坐在桌前，享受家常晚餐，練習感恩並維繫感情；也代表和伴侶享受獨處時光。

我的家庭生活勝利時刻並不包括幫忙兒童足球賽、擔任童子軍訓導媽媽或學校家長會主席、在孩子班上當志工媽媽。這些任務可能會在你的清單上，沒什麼不對，但我已經想好了，這些事情對我來說，並不屬於家庭生活勝利組的範疇。

我們每一個人都要決定自己想追求的勝利是什麼，不想追求的又是什麼。請記住，**我們要用有限的時間，追求最大的收益，投入對我們來說最重要的事情，而不是鄰居或整個文化覺得最重要的事**。

在達成雙贏局面的路上，我們會遇到一個大魔王，就是忘記工作只是生活其中一個面向。有太多人從不曾停下腳步，思考他們真正想要的關係或健康狀況是什麼，因此他們就會隨波逐流，朝著他們如果有思考過就不會漂往的方向去。

如果你不確定自己在其他生活面向的投入程度是怎麼樣，可以考慮用用看我們免費的生活評估量表（LifeScore Assessment），讓你快速又方便的得出，每一個生活面向健康程度的簡答，並指出哪些領域是你可能要考慮留心改善的地方。你可以在以下網站找到生活評估量表：https://assessments.fullfocus.co/lifescore/。

第 4 章

劃清界線，框限工時更有效率

無論是誰發明或掌有我們的工作，我們都還是可以創造並掌握自己的工作。

——羅伯特・凱根（Robert Kegan）[1]

原則 2

有限制更自由，產能創意全提升

二十四小時運轉的企業家——蒂芬妮（Tiffany）的故事

蒂芬妮是我們的客戶，她與哥哥保羅（Paul，也是我們的客戶）在佛羅里達州一起做農產品生意。他們種了幾百英畝的草皮和有機農產品。他們的父親於一九八七年創立這間公司，兩人幾年前將公司從父親手中買下。蒂芬妮約十五年前從大學畢業後，就直接來這間公司工作。「我大學畢業後就沒日沒夜的工作，」她說：「我以為事業成功跟工作時數是直接相關。」

蒂芬妮這個假設表面上聽來很有道理。工作越久，成果越好，聽起來沒什麼問題。而商業巨頭也總是宣揚著這樣的道理，好像摩西下山時所帶的石板就刻著這些話一樣。

我們已經在前一章聽過馬斯克說：「死命工作……每週工時八十到一百小時。」以及不動產投資大師葛蘭特・卡爾登（Grant Cardone）說：「企業家不能只是朝九晚五，應該要工作九十五個小時，也就是一週工作七天，一天超過十三個小時。」社群網紅蓋瑞・范納洽（Gary Vaynerchuk）也表示，企業家應該每天工作十八小時，才能讓事業起飛。[2] 但蒂芬妮發現，這種工時算法的成效並沒有很好。

「除非我們在度假，」蒂芬妮說：「這可能也才一年一次吧，不然我沒有一個週末不加班的。晚上我也都在工作。我一直不斷回到工作狀態，回去辦公室或回去農場。我總是想在週末或平日晚上偷幾小時回去工作，把事情做完。」

超時工作的確讓她得到一些成果。蒂芬妮和保羅接手事業後，公司業績就開始成長。「就是一頭栽進去，一直做就對了。」但公司業績並沒有大幅成長，速度也不快，而且這些成果是有代價的。這些代價不只反映在她個人生活，也影響了事業本身。原來事業成功與工作時數沒有直接相關。「公司的確有成長，」她說：「但我就只是一直埋頭苦幹，很多時候事情有做完，但其實你不知道自己到底都做了些什麼，只覺得筋疲力盡。」

蒂芬妮告訴自己，這都只是暫時的。但事實上，他們所得到的微小收益或改進，已經耗盡了她的全部精力，而且沒有可以停下的餘地。甚至，如果以網紅大神的算式來看，她還需要增加更多的工作時數才行。問題是，她真的沒有更多時間可以提供了。她知道一定是哪裡出了問題，她知道她需要的，是一個更好的算式。

工作就像無底洞，吞噬一切

工作就像水一樣，是生命的必需。工作也像水一樣會恣意橫流，除非受阻，否則不會停下。我們需要堅實的邊框，才能擁有這種不可或缺的資產，想想水庫和玻璃水杯對我們的用處。沒有堅實的邊緣，水也可能造成破壞，想想河水氾濫，沖破河堤，將位置較低的街道與樓房淹沒。

基於我們在第二章談到超時工作的種種理由，工作的確可能潰堤淹沒其他生活面向，工作時常擠到我們私人生活和經營人際關係的時間。我們在上班日還沒開始的早晨就開始工作，而不是散步或上健身房；我們在辦公室待到太晚，錯失了和家人吃晚餐的時間；我們在週末試著趕上或超越工作進度，犧牲了其他不可妥協的重點，像是自我照顧和重要的人際關係。

不管是真實存在還是心中想像，總是有人期待我們要二十四小時在線處理電子郵件或來電，但在非上班時間處理工作，代表我們沒有辦法好好待在其他重要的生活面向裡。後果就是我們無論在家裡或職場上，都無法呈現最好的自己。沒有辦法好好守護對自己而言不可妥協的重要任務，下場就是會變得七零八落、身心俱疲。

我們都落入了跟蒂芬妮一樣的陷阱，我們都想著：**只要現在多努力一點點就好，報酬、休息、經營家庭、獨處時間之類的，之後就會實現**。但我們遲早會發現，工作是沒有盡頭的。否認事實，想著加班只是暫時，這樣的生活很容易，但一轉眼三、五、甚至十年過去，我們仍在超時工作，而生活早就轉到另一個方向去了。

那解決方法是什麼呢？打造堅實的邊框，框住你的工作日、每週工時和週末。**帕金森定律（Parkinson's Law）指出：「工作會不斷膨脹，直到塞滿為工作預留的時間為止。」**[3]好吧，那我們所**提供的對策，就是將工作限縮到允許工作的時間裡**。

過勞崇拜說，有限制，就沒有生產力，但我們會看到，**透過限制其實可以刺激創造力，進而提高生產力**。這表面上聽起來可能不太直覺，但工作上的限制會解放我們，讓我們更自由，不管在家或在工作上，都能呈現最好的自己，工作上尤其如此。

我們刻意限制水，讓水更好用。同理，我們也要刻意限制工作日。有了限制，等於打造出邊框，讓我們從超時工作中解放。我們可以自由在設定好的時間全心享受工作；以往容許工作填滿夜晚與週末的「工作時間潛入」現象，也不再發生；我們可以無牽無掛的照顧身體和其他生活面向。還有一點同樣重要的是，我們也開始看到工作真正的好處。

殘酷的事實是，無論我們是否承認限制的存在，我們對此也沒有太多的發言權。因為即使我們假裝沒有限制，限制還是實實在在的存在著。

「時間有限」的現實總被遺忘

我們有的心力和體力就這麼多，到了一天的尾聲，我們總要睡覺，不管我們對此有多不爽。時間也有一樣的限制，我們一天只有二十四小時，一週只有一百六十八小時。限制工作日和每週工時，就是在刻意把工作框在我們已經設好的限制裡，以此改善工作體驗、達到最大產出，並在其中好好享受生活。

我們不可能什麼都做。蒂芬妮已經證明了，工作更努力或更久，生產力也不會提高。其實已經有研究不斷證明，一週工作五十小時之後，生產力就會下降。就如史丹佛大學的研究者所寫的：「工作七十小時的人，在那多出來的二十小時裡，產出並沒有更多。他們只是在空轉而已，工作時間更長，做的事情卻更少。」[4]

波士頓大學（Boston University）奎斯托姆商學院（Questrom School of Business）教授艾琳．里德（Erin Reid）找不到任何證據，可以證明一週工作八十小時的員工的表現，能比工作不到八十小時的同事還要好，而且他們的老闆也看不出差異。里德的研究指出：「他們的經理無法分辨一週工作八十小時的員工，和假裝工作一樣時數的員工表現有何不同。」[5]這主要是因為在超過五十小時之後，工作就沒有可以讓人注意到的成果了。也就是說，在這種超時工作的情況下，並不會為我們帶來更多的效益。

反之，如今我們發現，我們必須看向以一週工作四十小時為分界的另一面（比四十小時還要少的工作時數），才能尋求提高生產力的方法。有些工作者在接近第三十個小時的階段，達到最高工作成效。知識相關工作看起來似乎不像勞力活那麼費力，但卻也十分費心。知識工作者一天只適合工作約六小時。就如作家莎拉．羅賓森（Sara Robinson）看完這些數據後說的：「如果老闆要求，你確實可以在辦公室待久一點，但六小時後，他有的就只是你留在椅子上的屁股而已，你的腦袋早就打卡回家了。」[6]

針對微軟員工每週工時的研究證實了這個說法。雖然他們一週上班的時間是四十五小時，但其中只有二十八小時有生產力。這二十八小時剛好就在一天六小時的範圍內。[7]

我們在做這種知識工作時，一定能感受到心有多疲憊。我們可以咬牙苦撐，繼續做到八、九、甚至十小時，但我們可以感覺到自己的效率正隨著工時增加而下降。我們對這樣的事實感到很沮喪，這只是一份報告、一份試算表之類的，沒有這麼難啊！做完就是了。但我們也知道這不只是這樣而已。

哈佛大學教授羅伯特·凱根研究工作者不快樂的原因，發現現代工作者工作時，智力和情緒層面投入程度非常高。我們在做知識工作時，必須如他所說「創新精進、掌控主導」。[8]這包括工作的客觀部分，如明確的職責說明、工作目標、計畫、交件期限等；但也有主觀的部分，如積極主動程度、自我評鑑、專案分析，更不用說還有對工作成果的責任、對個人成長與專業知識的期待，還有對智識、創造力、情感方面的要求。[9]

不管是思考哪一種工作的要求，我們常都把焦點放在外在客觀要求上。這些要求很有難度，但都可以做到，即使需要長時間執行也行。內在主觀的要求雖然看不見，但也同樣重要，而且這種要求通常都伴隨代價。我們不可能如自己預期，有辦法持續供給這麼多智識和情感方面的心力。

我們要考量的不只是會逐漸下降的工作效率，還要考慮到可用時間的限制。一切都很單純，就是數學而已。一週有一百六十八小時，我們要留幾個小時睡覺，也一定要照顧自己的生理需求，如吃飯、洗澡這些生活的必需。我們可以對現實憤恨不平，也可以把這些限制看成禮物。怎麼說？因為這些限制迫使我們搞清楚所選的事物，排出優先順序，對其留心思考。

限制不是壓力，而是「專注當下」

我（麥可）一直以來都面對著一大挑戰，那就是我的工作環境和時間無邊無際、毫無邊界，沒有「收手時間」。就算我六點成功回家吃晚餐，我也還是會打開電腦，再加班個幾小時。週末時，我也跟蒂芬妮一樣，會偷偷回辦公室工作。這些都是在我擁抱時間限制之前發生的事。

我在二〇〇五年成為湯馬士尼爾森出版社的執行長，我從未擔任過這麼高的職位。我們這間出版社是上市公司，在紐約證券交易所上市交易。我得讓投資人、董事會、六百五十名員工和數千名消費者滿意。我很快就發覺，就算一週上班一百六十八個小時，我也沒辦法把事情做完。

幸好，我那時候有一個教練，他鼓勵我設下三個要嚴守的界限：晚上六點後不工作、週末不工作、休假不工作。一開始，我只專心在那些**不能做的事**，過了一陣子，我才意識到這些界限也影響到了我**可以做的事**。

這些限制迫使我上班時有效利用時間。在這之前，我工作常常分心，尤其是下午，我總是會想說：「**如果我下班前沒做完，回家吃完晚餐還可以做**。」這就是帕金森定律：工作會不斷膨脹，把可以工作的時間塞滿。但我自己設定的六點工作宵禁，讓回家工作變成不可能。

這些限制幫助我專注工作，不做沒意義的事，我沒有餘裕分心或浪費時間在「假工作」上。時間限制逼我對工作內容精挑細選，對工作時間精打細算，這樣我才有時間自由投入生活的其他面向，同時衝高工作效率。

我們整個公司也都經歷了這樣的改變。我（梅根）在第一章有提到，我一天只工作六小時，已經這樣好幾年了。我已經想了一陣子，如果整個公司都施行這個策略，會發生什麼事。世界上有許多公司都曾做過縮短工時的實驗，而且成效卓著。

所以，在新冠肺炎疫情開始之初，我們就決定做個實驗，正式將麥可海亞特公司的工作日修改為一天六小時。當時我們已經有彈性工時了，但我們還是想要把每日工時正式框起來，確保我們的團隊在有需要時，有時間可以應付不同尋常的新型冠狀病毒。

結果，我們發現，變短的工作日不僅提高大家的專注力，也促使大家用更有創意的新方法來完成工作。

有限資源生成無限創意

生理局限開啟全新創作
——菲爾・漢森（Phil Hansen）的故事

菲爾・漢森小時候就夢想成為藝術家。他進入藝術學校就讀，專攻點描畫法（pointilism），這是一種用千百個小點形成圖像的細碎畫法。

後來，漢森的神經出現嚴重損傷，他的手開始顫抖，沒過多久，他就沒有辦法畫出漂亮的圓點了。現在他畫的點長的像蝌蚪。想讓手維持穩定的漢森把筆握的更緊，但這只讓他關節疼痛和受苦的情形加劇。漢森覺得自己的事業和夢想全都被奪走了，心煩意亂的他於是有整整三年都沒有再碰藝術。然而，他沒有辦法否認內心的渴望。

漢森決定要找神經學家檢查，看看有沒有轉寰餘地。可惜答案是否定的，這是永久的神經損傷。不過，神經學家建議他，何不試著擁抱顫抖？

於是一回家，漢森就拿起鉛筆伸向畫布，任由他的手顫抖、顫抖、再顫抖，最後畫出一幅充滿歪扭線條的畫。「雖然這不是我最喜歡的那種藝術，」漢森在TED分享這段人生旅程時說：「但我發現自己還是可以創作，我只是要找到另一種方法。」[10]

雖然顫抖的症狀使他無法創作完美的點描派圓點藝術，但這樣的限制迫使他嘗試別的方法來拆解心中的圖像。他發現：「如果是在大型畫布上，用大的媒材來作畫，我的手就不會痛。以前我都只用一種方法來創作，現在我用的技法創意無限，完全改變了我的藝術眼界。這是我第一次發現，擁抱限制其實可以刺激創造力。」[11]

以他描繪武打傳奇李小龍的畫像為例。漢森唯一的材料就是自己的手，他把手掌外側浸在黑色顏料裡，並用手刀劈砍的方式（編按：五指併攏，用手做出如刀劈砍的手勢）把顏料打上畫布。這次成功之後，他又探索了其他限制帶來的可能。比如說，如果只能用一美元買材料，他會創作出什麼？或如果不用畫布，而是畫在自己身上的話，又會創作出什麼？

「把限制視為創造力來源，這個觀點改變了我的人生，」漢森說：「現在，只要我碰到阻礙，我會繼續參與其中，並提醒自己阻礙會帶來更多可能。」[12]這個應用在創作的翻轉思維原則，也一樣可以運用在職場。

「經理人可以藉由擁抱限制，來激發創新能力。」研究者歐格茲．艾卡（Oguz Acar）與同仁表示。他們回顧一百四十五份實證研究，這些研究探查限制對創新和創造力造成的影響，結果發現「無論是個人、團隊、或組織，都能從適量的限制中得益」。[13]

設下限制怎麼會提升工作表現？研究團隊發現，毫無限制的工作者會用最輕鬆的方法來解決問題。「人會變得大意，」研究團隊表示，在這種狀態下：「人會選擇第一個出現在腦中最直覺的想法，就不會思考研究出更好的作法。」[14]

無獨有偶，瑞德大學（Rider University）心理學家卡特琳娜．哈特—創普（Catrinel Haught-Tromp）指出，設下限制「讓我們可以在更少的選擇中，有更深的探索」，因為這些限制「把多到難以招架的選項，縮減到可掌握的範圍」，如此一來我們就可以「探索新的作法，從未知的道路開展不同的方向」。[15]

這就是我們的客戶蒂芬妮在決定限制工作日和每週工時的時候，所發現的道理。

加班，最缺乏效率

過勞崇拜在不同的工作間並無分別，它只想要我們死命上班，做越多越好。但這就是造成工作倦怠的原因。蒂芬妮也跟很多創業家一樣，每一件事都做一點，而這樣的工作是沒有盡頭的。

蒂芬妮和保羅參加我們的訓練計畫時，他們開始調整工作的方式，不再著眼於投入更多時間工作，而是關注工作時做了哪些事。「我從來沒有坐下來，好好綜觀大局，」蒂芬妮說：「坐下來全盤審視，可以幫助你找出自己做得最好的事，也就是你擅長的事情。而且這些事你不僅擅長，還很喜歡做。這個過程幫助你找出你做得好且樂在其中的事。」

蒂芬妮開始按照自己的需求和興趣挑選工作，她選擇自己熱愛也擅長的事情，並把其他工作刪除、自動化、或外包給他人。這個改變非常重要，她不只逃脫超時工作的箝制，還打破了公司成長的天花板。以往公司的收支總是打平或少的可憐，但改變之後，兩年內公司成長超過六〇%，而且他們的工時並沒有變長，反而縮短了。這才是我們需要的算式。

在我們麥可海亞特公司實施的縮短工作日策略，也看到一樣的成效。由於一天工時縮短成六小時，我們的團隊工作更加投入、效率也更高，隨時都對照每天的工作時間，來評估自己正在做或可能要做的事。縮短工時促使員工更積極規劃自己的工作，也刪減了非必要的事務。

縮短每個工作天與每週工作時間的重要成果，就是工作表現變好了。嘗試過縮減工時的公司表示，員工合作品質提升，對於省力的工具與技巧更快上手，專注程度也提高了。在《如何縮時工作》（*Shorter*）這本書中，作者方洙正（Alex Soojung-Kim Pang）探索縮短每個工作天與每週工作時間的效果。他在書中指出，這些提升工作表現的現象，會直接產生更高的收益。[16]

當然，在這裡員工也是贏家。變短的工時代表我們可以自由投入生活其他面向。「工作日變短，」方洙正解釋：「提供一個明確的誘因，刺激員工創新；短工時也創造了絕佳機會，讓你為公司營運效率做出的貢獻，可以直接反饋於你。」[17]員工的工作成果通常歸公司所有，而員工創造的收益或改良的成果，可能會以佣金、獎金、額外福利等方式提供獎勵，但並不一定每次都是這樣。

當工作是為了爭取更多自由時間時，情況就不一樣了。「工時變短，」方洙正說：「並不會直接增加公司收益，但做出改變之後，成果幾乎是立即可見，得到的回饋就是省了更多時間，這個結果大家都很喜歡。」[18]時間就是金錢，讓員工自由運用省下的時間是個非常強大的誘因，可以刺激員工的生產力與創造力，而這就會提升公司的收益。

保有「非工作時間」才是成功者

擁抱限制促使我們找到別出心裁的新方法，來處理工作、解決問題、完成工作計畫等。以前一週工作至少五十小時的工作方法，我們不用了，而是想出新的方法把工作做好。或者比這個更好的是，我們有時還可以發現更高槓桿的工作，也就是報酬更高的工作，並放棄無利可圖的工作。

以上完全就是蒂芬妮所做的事，這些改變讓蒂芬妮的事業水漲船高，同時為其他生活面向帶來更多好處。因為有了限制，蒂芬妮逐漸發現，工作和生活是共生共存的整體。工作讓你帶著自信、快樂、金錢回家，而生活則養成清晰的大腦和休息充足的身體，讓你可以認真工作。

就如華倫．巴菲特（Warren Buffett）所說：「成功人士和非常成功人士之間的差別，在於非常成功人士幾乎可以對任何事都說『不』。」[19] 簡單來說，如果不為工作設限，你就沒有餘裕投入身心充電活動，例如：真正的休假、平靜的夜晚、放鬆的週末等。反過來說，如果為工作設限，你就能有於餘裕從事一些活動，而這些活動最終會讓你在工作上贏得更好的表現。

如果你想當職場贏家，同時成為生活勝利組，祕訣就是為工作設限，留一些空間生活。只要付諸實行，過了六個月或一年後，你的人生就會比現在更美好、更富有、更讓你滿意。

雙贏練習 2

為每日工作設限

那麼，你是什麼時候工作，又是什麼時候不工作呢？我們必須搞清楚這個問題的答案。我們可以把一天想成二十四盎司（編按：容量約七百毫升）的玻璃杯，假設你有三種基本液體可以倒進杯子裡，**分別是：有成就的事、沒有成就的事、休息**。

在這裡，有成就的事大部分都跟工作有關；沒有成就的事則包括社交、照顧小孩、遊樂、培養嗜好、或只是無所事事（我們會在第六章詳細介紹沒有成就的事）。那通勤算哪一個？這要看人，有些人會利用通勤時間工作（有成就的事），有些人則用來做沒有成就的事。打給客戶和聽有聲書小說之間是有差別的，要怎麼運用通勤時間都操之在你。而休息當然主要是在講睡覺（更多有關休息的介紹會集中在第七章）。

你的玻璃杯沒辦法變大，它就跟時間一樣都是固定不變的，但你可以隨心所欲調整三種液體的比例。過勞崇拜要的是讓成就塞滿一整天，但因為玻璃杯就只有這麼大，如此一來沒有成就的事和休息的空間就會被壓縮。對很多成功人士來說，他們的玻璃杯看起來就像圖一那樣。

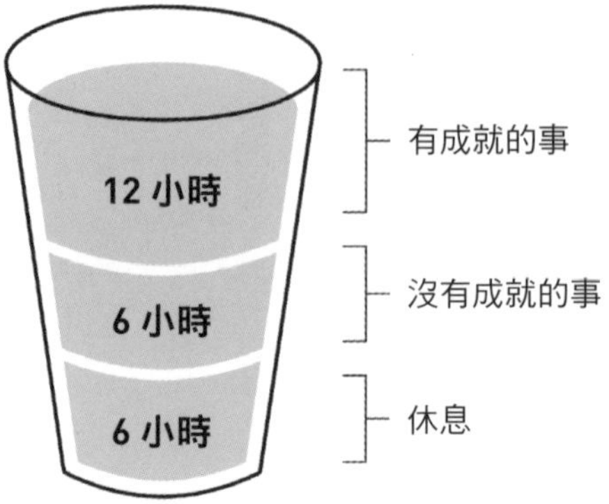

圖一

如果想成雞尾酒的話，圖一這種比例調的雞尾酒會難以下嚥，尤其還要經常喝的話。需要的時候，我們的確可以多放一點有成就的事下去，但不能每次都這樣。雙贏策略建議另一種作法（其實應該是很多種作法），就是一切都以你喜歡的口味和需求為主。你可以因應自己的狀況來微調成分，但**我們建議從平均分配三者開始**。成分平衡的玻璃杯看起來像圖二這樣。

有能力也有彈性調整成分的人，我們建議倒入更多沒有成就的事和休息時間，這會自然而然削減工作或有成就的事如圖三。為什麼要這樣？因為如我們在本章所見，知識工作非常耗心費神，一天六小時就已經是大多數知識工作者的極限了。

為工作日設限最重要的，就是為一天的開始與結束設下嚴格的界限。你可能會想在一天過一半時加點

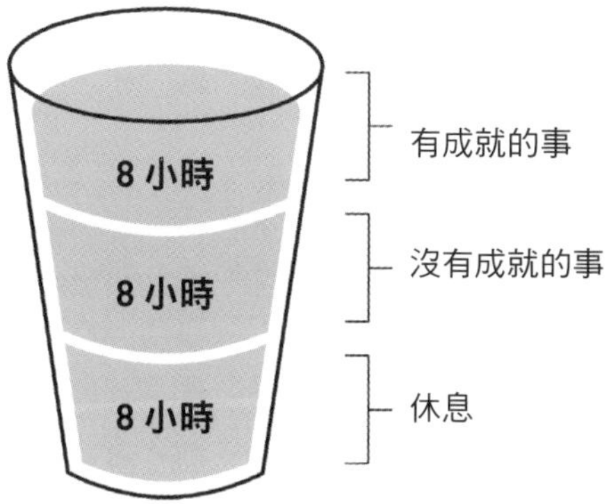

圖二

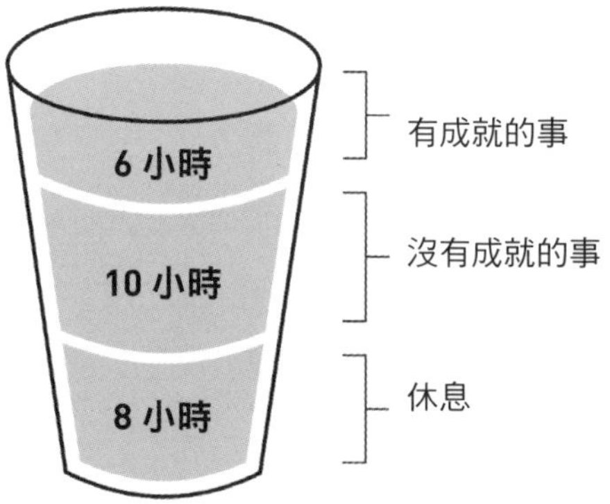

圖三

緩衝，像是拉長午餐時間、散步、午睡等。我們當然可以加進這些活動，但工作日的開始與結束還是非常重要。對有些人來說，這可能代表早上九點或九點半之前不開會，把早晨留給工作日開啟儀式；有些人則覺得是下午四點之後不開會。

工作日的收工儀式也一樣很有幫助，讓你可以在下班前把待辦工作處理完。這樣我們就不會到家時還有一大堆工作要解決，可以自在專注當下。

你設限的工作日是什麼樣子呢？不管是什麼樣子，都要跟你的團隊、客戶、老闆分享。一定要向與你有利益關係的對象展示，為什麼支持你設下界限對他們來說是有益的。這是我們在設下界限時常出錯的地方，我們只跟大家說：「你們只能在早上九點到下午四點半之間聯絡我」然後就沒了。這樣結果通常不會好到哪裡去。我們該做的，是搞清楚為什麼尊重我們的界限對他們來說最有益，並試著用這點說服他們。想當職場贏家兼生活勝利組，就要擁護自己的界限。

我們的客戶羅伊（Roy）就是這樣。起初他遭到同事反彈，「我們有一些激烈的討論，」羅伊告訴我們：「他們擔心這樣就沒辦法在早上六點或晚上七點打給我處理事情，因為他們可能在飛機上，必須馬上聯絡到我。於是，我向他們提出挑戰，我請他們改用真正重要的事情來衡量我這樣做是否會造成影響。其一是員工留任率，你知道，就是團隊的滿意程度和想長期留下來的意願。其二則是觀察我與同區其他人相比，有沒有幫公司創造更多利潤。如果兩題答案皆為是，我就請他們不要管我，讓我好好做事。」最後，同事選擇尊重他的界限，而羅伊說：「目前為止，這兩個目標我都有達到。」

話雖如此，最後還是要提醒一下，偶爾也要容許界限有例外。**你可以抓大概九〇%的時間謹守界限，因為確實可能有緊急情況**。如果你的工作夥伴知道，你願意在緊急情況下調整自己的界限，他們會更願意支持你設下界限。我們要堅定，但不要死板。

這有點像車子的避震器，堅實但充滿彈性，可以吸收路途顛簸的震盪。只要不影響專業表現，且老闆和客戶都知道你為什麼要這樣做，那通常他們都會尊重你設下的界限。如果他們不想尊重你的界限，那也許可以考慮把老闆或客戶換成願意共享你雙贏目標的人。

第 5 章

制定排序，掌握不該妥協的要事

我們在職場上花了太多時間否認自己的人性。

——理查．謝立丹

（Richard Sheridan，1751～1816，

愛爾蘭諷刺作家、政治家、劇作家、詩人）[1]

原則3 工作與生活具有動態平衡

沒有什麼比一碗熱騰騰的泰式炒粿條更讓我（梅根）開心了。住家附近有一家泰式餐廳，我跟喬爾很喜歡去那邊約會。他點咖哩，我點炒粿條。記得第一次去的時候，我根本不用看菜單，因為我完全知道自己要什麼，我一心想著炒粿條已經持續好幾週了。服務生拿著點菜單和筆，來到我們桌前。

「想好要點什麼了嗎？」服務生問。

「我要泰式炒粿條。」我說，還點了一些春捲。

「泰式炒粿條，一到五要哪一個？」服務生問。「一到五？」

「什麼意思？」

「想要的辣度，一是不辣，五是最辣。」

我停下來思考。我的確喜歡吃辣，但沒有像喬爾能吃那麼辣，他點的辣度對我來說太辣了。但我也不喜歡平淡無味，沒有一點刺激就不是泰式炒粿條了。最後，我決定要用《金髮女孩與三隻小熊》

（*Goldilocks and the Three Bears*）這個童話故事裡頭的方法，選擇不太淡又不太辣的等級。「那我要三。」

我們邊享用春捲邊專心聊天，此時主菜來了。我很興奮，鼻子吸進香菜、花生、醬料的蒸騰香氣，擠上一片檸檬，用叉子捲起一些粿條。第一口真的是人間美味，但接著，我感覺到彷彿頭髮燃燒起來的火辣感。老天啊，好辣！辛辣的感覺越來越強烈，我的嘴唇開始刺痛，眼睛也逐漸泛淚。接著，我甚至懷疑我的臉是不是燒焦了？

我又吃了一口，但不確定能不能繼續吃下去。我不想就這樣放棄這盤食物。這不是餐廳的錯，他們做好泰式炒粿條的能力無庸置疑，但那個辣度，至少對我的口味來說完全沒有達到平衡。我學到教訓了，下次我只會點一的辣度。辣度一，完美。

不必完美，平衡其實很容易

平衡就是一切，但現在的人似乎很流行摒棄甚至攻擊這個概念。有些人說平衡是一種幻想，有些人則覺得是迷思。「沒有平衡這種東西，」某專家說：「其實呢，我甚至願意講說，平衡是一種看似無害，其實非常危險的騙局。」[2]《富比士》雜誌（*Forbes*）一位撰稿人把追求工作與生活的平衡，形容成「追求青春永駐之泉的現代版」[3]。另一位作家則說平衡是「沒用又令人挫折的想法」[4]。

「腦力刺激」（Brain Pickings，譯注：網站名稱現已改為The Marginalian）是個一直以來都很發人深省的網站，背後操刀的人是瑪莉亞．波波娃（Maria Popova）。「大家討論『工作與生活的平衡』時，我發現自己常會陷入難過的情緒裡，」波波娃說：「工作與生活平衡的這個概念，代表我們要對抗隱忍已久的討厭事，才能做夢寐以求的開心事，這樣才會覺得自己有好好活著。」[5]

我們覺得波波娃的判斷有些失準。工作是好事，事實上，**工作的好處很多，多到我們還要特別注意，要留些時間和心力給生活其他面向才行**。

我們擔心的是，說工作與生活平衡是一種迷思（或其他更糟的講法）會點燃星星之火，釀成過勞大火。我們在客戶的生活中見過這樣的案例。當接受「維持平衡很難」的事實，我們就會做出小小的妥協，虧待生活其他面向。如果我們不執著維持平衡，這些小妥協會很輕易就全盤接管生活。

我們可以想想生活風格大師瑪莎．史都華（Martha Stewart）的話。「要達到平衡真的很困難。對我們大多數人而言，平衡是如此難以捉摸，對我來說也無法實現，」史都華告訴美國有線電視新聞網（CNN）：「我受到卓越工作的誘惑，犧牲了婚姻。對我們大多數人來說，要保持平衡是不可能的。」[6]

也許批評者會相信平衡是一種迷思，是因為他們都跟波波娃一樣，誤解了平衡的模樣。

平衡不是靜止，適時調整重心

多年前，我（麥可）帶團隊去上高空繩索課程。雖然聽起來很像什麼做作的團隊凝聚課程，但這其實是一段很棒的體驗。我們課程的重心大部分都在學習平衡。老師把繩索綁在幾根樹幹上，高度約十二英吋（譯注：約三十點五公分），讓我們在上方行走練習。我們冒的險只有可能扭傷腳踝和丟個臉，但後來我們發現，這還真的不容易。

我們有幾個寶貴的心得。首先，保持平衡走繩索，是一種單人任務。只要加了另一個人（或很多人），難度就會大幅增加。再來，在想辦法走完繩索的過程中，我們也要學著如何扶持彼此。我們一邊向前，一邊不斷與彼此抗衡。在這段過程中，溝通和合作都不可或缺。

第三，這點也是我最印象深刻的，「平衡的時候感覺不像有平衡」。我們的腳不停搖晃移動，我們死命抓緊彼此或最近的樹。但因為我們不停調整姿勢、微調重心、打直身體，我們成功在繩索上待了很長一段時間。如果靜止不動，那我們隨時都會掉下來。

保持平衡需要長久的努力。如果在感覺不平衡時就做出調整，風險就能降到最低。只要用心多練習，沒有人會掉下繩索。而生活也是同樣的道理。

如果你相信，自己總有一天會在生命裡的某一刻成功平均分配時間、精力、專注力，工作和生活都花費同等的時間，那你就錯了。這是不可能發生的，而且這也不是我們的目標。**平衡的重點是花費合適的時間，在每個生活重要的面向上**。而怎樣叫合適，在每一個人生階段和時間的答案都不一樣。

以下是要牢記在心的平衡三大重點，尤其是我們要將之應用在工作和生活上時，更要好好記住：

❶平衡不等於休息

我們所指導的客戶在談及自己對平衡的需求時，他們實際上是在說他們壓力很大、喘不過氣、筋疲力盡、需要一段較長的休息時間。我們都懂，但如果把平衡想成終於能得到渴求已久的休息時間，那我們等於沒看到重點。平衡的重點並不是休息，但平衡當然包含休息，因為沒有適當的休息，生產力和工作效率都會受損。

但**平衡的重點其實在於分配需求**，我們才能持續贏在工作，也贏在生活。我們不想把生活某一部分拿來餵養另一部分。要做到這點就要用心，別洩氣，這是挑戰的一環。

❷平衡會不斷變動

「生活就像騎單車，」愛因斯坦（Albert Einstein）在寫給兒子伊德華（Eduard）的信裡寫著：「想保持平衡，就要不斷前進。」[7]我們都有同樣的經驗。騎得越慢，就越難在左搖右晃中保持平衡，最後就會跌倒。騎車的動能幫助我們保持端正、騎在正軌。

同樣的道理，我們在生活中做出的修正和調整，都是為了要保持平衡。要達到平衡，就要調整行事曆和待辦事項清單。即使你這週做得很好，下週仍不能鬆懈，事情出乎意料時也是。老闆會叫你加班把計畫做完；孩子會生病，要你照顧；車子會壞掉；班機會取消。這些都無可避免，別讓這些事影響你的心情。我們就像跑道上的跑者，要提醒自己，我們參加的是馬拉松，不是短跑。配速的同時微調方向，才能持續前進。

勞動經濟學家兼史丹佛商學院教授麥拉．史卓柏（Myra Strober）用了另一種比喻。「火箭只有在發射和降落時才會完全對準目標，」史卓柏說：「在發射和降落之間，火箭會不斷偏離軌道，所以必須不停『校正』（straightened out）。工作和家庭生活也是一樣的道理，兩者很少平衡，而不管是哪一邊，都要留心注意是否有不平衡的情況需要修正。」[8]

❸平衡需要用心

我們的身體天生傾向保持直立，但如果涉及構成生活的複雜責任與人際關係時，我們就需要更多的關注。如果想維持平衡，我們就要心懷目標，以此做出決定與行動，一切都不是偶然。每個人的決定與行動都不一樣，但做出這些決定和行動，對我們每一個人來說都一樣重要。

我們說平衡需要用心，也代表平衡是「人為事件」，是你讓平衡發生的。平衡不會平白出現在你家門口，然後說：「我來啦，你平衡了，可以繼續生活啦。」換句話說，平衡的第一步，就是你要在心中規劃如何創造不同的未來。這項規劃是否可以實現，取決於你有沒有好好思考並定出計畫，才能邁向你心中理想的雙贏未來。

欲達人生平衡，就得進行取捨

講實際面，平衡其實就是取捨。一週工作五十、六十、七十小時，等於生活四大重要面向陷入危險之中。這四大面向有照顧好，可以幫你的職場勝利大加分。反之，忽略這四大面向，你就可能面臨各種難以面對的後果：

❶妥協健康

吃垃圾食物當一餐，不用留時間準備或取得健康餐食，這個想法在剛開始衝事業的階段是滿誘人的。這時候的我們也很容易跳過例行運動行程，換取多一點工作時間。

推特（二〇二三年改名為X公司）前任執行長迪克・科斯特洛（Dick Costolo）認為這種策略很短視

近利。即使管理超過兩億活躍用戶的國際企業，科斯特洛還是可以找出時間規律運動。「比起花二十分鐘瀏覽電子郵件或開會，花二十分鐘動一動可以給你更多好處。」科斯特洛說。[9]

放著健康不管，一定會付出代價。在你認識的人裡面，有多少人只因為不願意照顧自己，最後英年早逝？當然，先天疾病或其他問題也會導致早死，但至少有一些健康問題其實都是我們自找的。

❷忽略家庭

我們在前面章節已經看到，行政高層和企業家的離婚率比其他勞動人口還高。工作過度對親密關係的折損難以計算，我們說的不只是贍養費、財產分配、心理治療、分開兩處照顧孩子衍生的費用等，有時離婚無可避免，但如果我們可以認知到過度工作是離婚的一個關鍵因素，那至少可以著手處理這點。

還有，想想孩子。如果你（像麥可我一樣）不趁他們年輕時多多關注他們，你就會被迫在他們長大後花時間見他們，而地點會是校長室、諮商室、勒戒所或其他更糟糕的地方。

反之，研究發現健康和樂的婚姻與家庭氛圍，對心理健康、個人滿意度、壽命都很有幫助。[10]可以的話，找時間多多跟家人相處吧。只有保護家人，讓他們遠離過度工作的副作用，以上好處才有可能實現。

❸放生朋友

亞里斯多德（Aristotle）好幾世紀前說過：「在貧困等生活困境中，真心好友如可靠的避難所，使青年遠離傷害；虛弱老者得到安慰與幫助；並激勵正值盛年者行事高尚。」[11]時間和學術研究都證明亞里斯多德說的沒錯。

不幸的是，我（麥可）一個好朋友都沒有，直到七年前才有。我很不想承認這點。我有同事，但充其量只是認識的人而已，僅有工作上的關係，我卻誤認為是友情。有這樣的關係很好，但這跟有深交的朋友完全不一樣。深交的朋友對你的意圖無他，就只有愛你、共享你的喜悅、在你難過時安慰你而已。

擁有真摯友誼，也代表擁有更健康的身體。梅奧診所醫學中心（Mayo Clinic）指出：「友誼在提升整體健康方面，也扮演非常重要的角色。擁有堅實社會支持的成人，在許多重大健康問題的風險會降低，包括憂鬱、高血壓、不健康的身體質量指數等。」[12]還好，我後來利用雙贏策略原則重新規劃行事曆，現在我有了好朋友，而我也因此成為更好的人。

❹捨棄效率與生產力

偶爾有壓力，表現會進步，但如果過度工作的壓力持續不斷，表現就會往下掉。想想運動，打高爾夫球時，越求好心切、球桿抓越緊、揮桿揮越猛，你就會越來越緊繃，表現就越差強人意。這個道理在飛蠅釣或幾乎所有事情都是一樣的。

著有《能量全開：身心積進管理》（*The power of full engagement*）的吉姆．羅爾（Jim Loehr）與東尼．史瓦茲（Tony Schwartz）曾和運動員共事。他們發現，運動員只要緊繃壓力大的時候，運動表現就會變差。他們把與運動員共事的經驗運用到專業人士身上，也發現一樣的現象。長期的壓力會損害工作表現。

長期壓力會使得我們不開心，也會搞砸生產力。英國華威大學（University of Warwick）三位經濟學家共同主持的研究發現，幸福感提升，生產力也跟著提升一二%；不開心的工作者，生產力則下降了一〇%。[13]

如果不好好管理眼前的優先要務，上述這四大重要的生活面向，即健康、家庭、朋友、效率，就會首當其衝。

別誤會我們的意思，我們很努力工作，有時候也會搞砸，答應了但最後沒做到。在追求平衡的過程中，我們要對自己仁慈一點。再次引用麥拉．史卓柏的話：「火箭只有在發射和降落時，才會完全對準目標。」如果你發現自己現階段失去平衡，就想想這些取捨，趕快回到軌道上吧。

我們最擔心的，是大家常預設一定要犧牲自己的健康、家庭、充實內涵的機會、心理健康、靈性完整，才能保有職場競爭力。而這種放棄維持平衡的現象，特別令女性困擾。

史上難題，職業婦女的失衡困境

「整天就像陀螺團團轉。」這是一家公司執行長珍妮佛．戈德曼—韋茲勒（Jennifer Goldman-Wetzler）對早上六點到晚上九點這段時間的形容。「跟許多職場爸媽一樣，我們的每一天都像是一台製作精細的魯布．戈德堡機械（Rube Goldberg machine，譯注：使用一連串精心設計的機械裝置，引發連鎖反應，以完成非常簡單的任務，如觸發鬧鐘、倒咖啡等。此種機械常見於電影、創意短片。魯布．戈德堡為經常繪製此類漫畫的美國漫畫家，因此世人以他命名此類機械），」她說：「如果分心錯過了其中一個步驟，軌道上的球就會掉落，一切就玩完了，至少看起來是如此。」[14]

我（梅根）十分了解感覺。戈德曼—韋茲勒說的是一般職場父母的情況，但每天把所有事情完成的任務，卻總是落在女性頭上。凱因斯說未來一週只需要工作十五個小時這點，他說錯了。雖然他打趣的說，我們大多數人心中的「老亞當」（Old Adam，譯注：基督教諺語，指稱人類心中邪惡、守舊的一面），一天花個幾小時就可以做完待辦工作，但很明顯他沒想過夏娃也會進入職場。但我們的確進入職場了，還在裡頭叱吒風雲，不過我們同時也在苦撐。許多書籍都分析了這個現象，如布里姬．舒爾特（Brigid Schulte）的《焦頭爛額》（*Overwhelmed*，暫譯），和安．瑪麗．史勞特的《未竟事宜》（*Unfinished Business*，暫譯）。

傳統社會中，家務由女性負責，男性則征戰職場。但女性在進入職場、有了工作責任之後，卻還是繼續履行家務，這代表女性除了在辦公室投入一週五十小時（或更多）的全職工作之外，還要努力顧好家庭、孩子、跟其他所有事情，如小兒科掛號、規劃餐食、採購生鮮雜貨、煮飯、參加家長會，還有需要不停的洗衣服。要完成上述所有事情，需要鉅細靡遺的規劃和忙碌實行。如果其中一個環節出問題，這一天就會像魯布．戈德堡機械一樣，變得一團糟。

一開始衝刺事業的時候，我（麥可）仰賴蓋兒一肩扛起所有家務瑣事，這是我們心照不宣的共識。但就如第一章和第二章分享的，我後來太超過了，很多男性也是一樣。我沒有辦法想像掌管一間公司，同時還要照顧一整個家庭的負擔有多大，但很多女性的現況就是如此。

皮尤研究中心（Pew Research Center）報告指出，大多數母親現在都有全職工作；而一九六八年，只有三分之一的母親是全職上班。[15]截至二〇一五年，有超過一半的家庭都是雙薪。[16]男性工時通常比較長，但美國時間運用調查（American Time Use Survey）的數據表示，比起職場父親，全職工作的職場母親每週多花了三又三分之一小時照顧小孩、三．五個小時做家事，休閒時間則少了四個小時。[17]

而且說「休閒時間」可能還太好聽了一點。布里姫．舒爾特指出，女性的休閒時間常包含一大堆像在工作的事情。「在出遊、休假、長假、家庭活動中，女性通常是負責規劃、準備、執行、分配，並在結束後收拾一切的那個人。」舒爾特說。母親就是要做這些事，對吧？

女性的休閒時間最後也通常會花在孩子身上，剩下的只有「干擾不斷的零碎時間」。舒爾特提到，一項針對三十二位洛杉磯中產階級職場母親的研究發現，這些職場母親的休閒時間通常只有突然出現的十分鐘（或更少）。[18]要有較長的抒壓充電時間很難，就如我們先前讀過的，這點會發生在男性身上，但這個現象似乎在女性身上更常見。

家庭事務增加負擔，造成壓力，讓女性往往想要逃離。第二章講心流時提到的心理學家米哈里・契克森米哈伊就指出，男性在家時比女性在家更開心，而女性則是在辦公室時比較開心。

針對契克森米哈伊的發現，舒爾特指出：「報告指出，女性一天中最快樂的時間是中午，這時候大部分都還在上班；感覺最糟的時刻則是下午五點半到七點半之間。」這段時間是心流光輝消逝的時刻，還要忙接小孩、思考晚餐要準備什麼、看功課、做家事、處理晚間例行瑣事等。「對女性來說，」舒爾特表示：「無論家裡有多少愛和多少快樂，家就只像另一個職場。」[19]

我（梅根）知道有些人讀到這裡可能會拒絕承認，但這就是不舒服的事實，社會和經濟的規範改變了，但文化的期待還落在後頭。女性也被留在那裡，彌補這之間的落差。

還好，這種不平等現象正在改變。現在的男性比自己的父親更願意重新討論傳統的性別角色與責任。比如說，我跟喬爾會輪流或重新調整照顧孩子和家事等事務的分配。但是，對想在家庭生活與職場都拿出最佳表現的無數女性來說，不平等仍然存在，也仍是個問題。特別是家庭困境之外，工作又為女

亞當　夏娃　唐

性加上更多不平衡時，更是如此。

舒爾特等作家指出，美國工作文化中，理想的工作者等於沒有家庭責任外務的男人，也就是可以為了工作目標無限加班、放棄界限的男人。Netflix 共融部門主任蜜雪兒・金（Michelle King）將其稱之為「唐・德雷柏理想型」（Don Draper ideal），靈感取自熱門電視影集《廣告狂人》（*Mad Men*）的同名角色。[20] 許多已婚成家的男性難以達到這樣的標準，但對於女性來說，面臨的挑戰更大。

要解決這個問題，答案不是像瑪莎・史都華或唐・德雷柏一樣放棄保持平衡，而是女性和男性都全然（或至少一定程度）擁抱平衡。我們沒有說這很容易，文化準則與職場規範有一定的慣性，抗拒改變，而且還運作順暢，好像我們可以不花一絲腦力和心力就能無痛融入，悠遊其中。但就像我們讀過的，保持平衡需要花費額外的心力，而第一步就是和伴侶、企業重新討論現有的約定。

還有一位作家，雖然他也摒棄平衡，把平衡看成好像只有雜耍演員才做的出來一樣，但是他說了一個故事：寶僑公司行銷經理梅蘭妮・海利

（Melanie Healey）重新跟公司談判，最後拿到了更好的條件。海利最近剛放完產假回來，她的老闆就交待給她一個很特別的任務。這位老闆是典型的唐．德雷柏理想型，大家都知道他會早上七點前開會，也會很晚才下班。但這種行程並不適合海利和她的新生寶寶。

海利同意接下任務，前提是老闆要答應她所需要的新工時規定。「我早上八點會到辦公室，所以你不能早上八點之前開會，」海利告訴老闆：「我需要在六點到家，所以如果五點之後開會，一定要在六點前結束，讓我準時到家。」老闆對這些要求很驚訝，但他不希望沒有海利的幫忙，所以他同意了。[21]

達成新平衡，不是不可能。問題是我們不相信這點，所以我們甚至試也不試，最終當然就無法達成。

「投入最有意義的事」才是真平衡

首先，贏在職場也贏在生活不代表事事完美。沒有所謂工作、家庭、休閒、嗜好的完美組合，就算你找到了，也不等於就勝券在握。這種想法只是一廂情願而已。

有時候，即使一切都很好，我們還是會覺得不太平衡，因為平衡需要一定的張力，而保持張力有其難度。我們犯的錯，是想用一頭栽進工作（忙碌謬誤）或放棄工作只顧家庭（野心煞車），來解決張力的問題。張力或許會造成壓力，但張力也是動態的一環，讓平衡得以發生。只要我們改變觀點，就可以看見平衡的本質：平衡是一種困難但值得一試的生活方式。

成為職場贏家又當生活勝利組，不代表生活中每一件事都能由你做出最終決定。贏在職場又贏在生活代表把該優先的事情排優先、在能力範圍發揮影響力、掌控你可以掌控的事情。你沒有辦法每次都掌控事情的走向，因為每件事都會有其他人參與，但你可以控制的，是你選擇要專注什麼，還有用什麼方式專注。

如果你覺得自己可以控制生活裡每一件事的結果，那你就太自戀了。你可以把健康照顧到一百分但還是得癌症；你可以當完美家長，但孩子還是吸毒、坐牢或自殺；你可以在婚姻裡什麼事情都做對，但最後還是離婚、伴侶早逝之類的。如果成功代表一切完美，那我們大多都會失敗。

還好成功不是這個意思。**我們講的雙贏，是說你能夠自由排序生活所有重要面向中最珍貴的事情；**意思是盡可能以你想要的樣子生活；意思是投入對你來說最有意義的人事物當中，同時知道這些投入帶來的報酬，並不總是你能控制的。

第二，要記得第二章提到的，為什麼我們會工作過度。很多時候，我們失去平衡又不想改變，是因為這樣的不平衡讓我們覺得自己很重要。我們欺騙自己，深信「我足夠重要，因為我超搶手，失去平衡是必然」。

一個計畫，我們可能要投入數天或數週才能準時完成；為了投入當下最需要照顧的地方，我們可能要有好一段時間，減少投入在其他生活面向的精力。如果你罹患癌症，那最好全心投入治療；如果孩子需要特別照料，不要對取捨有所質疑，就去吧。但是，如果工作讓你長期失去平衡，那也許這個工作並沒有如你想的那麼重要。你可能只是落入過勞崇拜的其中一個原因而已。

要記得一個重點，就是一切操之在你。只要真心想改變，你就可以成就不同的人生。如果你現在深陷棘手的困境中，影響工作與生活平衡的程度，已經讓你無法專注在該專注的事情上，如健康或家庭，那請設定一個可以讓自己辭掉這個工作的目標吧。

改變的時間點可能不會是今天、這一週、或甚至今年，但請你擬出一個離職計畫，這樣才可能好好生活。你要依照自己想要的樣子，成為自己的生活設計師。這件事不管什麼時候都可能做的到，你是有選擇的，問題就在於，你有沒有足夠的想像力和渴望，讓改變發生？

雙贏練習 3

依理想順序排定行程

我們跟客戶討論工作與生活的平衡時，常聽到客戶的行事曆塞滿了別人的優先事項，而不是他們自己的優先事項。放任這種事情發生很容易，要求我們隨時在線的工作文化，常奪走我們額外的時間。當同事和客戶期待我們整天都可以回信時，留時間社交或睡覺休息就變的十分困難。

有時候，我們也會這樣對自己。我們渴望抓住新的機會，可能我們的職涯正在打鐵趁熱的階段，或我們就只是想幫助他人。也許是教會那邊有個加入委員會或當志工的機會，或有人請你在學校一個特殊的委員會服務。在你意識到之前，行事曆就已經塞滿了其他人的勝利，但就是沒有你的。

這件事的解決方法，就是積極安排你的優先事項。上一章我們講到為工作日設限，而現在我們要看的不只是每日工時，而是一整週。要保持平衡，就要把全局弄清楚。

一週的時間就像第四章雙贏練習裡的玻璃杯一樣，擁有堅實的邊界，定義了我們擁有的時間，也限制住我們能有的時間。一週有一百六十八小時，你要怎麼填滿呢？關於怎麼幫自己回答這個問題、怎麼執行你的答案，以下有一些建議：

• 規劃理想中的一週

要規劃理想的一週，你需要一週七天的空白行事曆。我們建議從週一起頭、週日作結，但若要安排從週日開始、週六結束也可以，或者想以其他天做為起始也行。現在，想想這些時間的空格，哪些空格要放進哪些事情呢？

如果你記得我們在第三章談到的「不可妥協的三大重點」，你就知道有哪些重要的類別了，分別是自我照顧、重要人際關係、專業成果。你也可以到第三章回顧十個重要的生活面向，確認自己沒有遺漏。由於已經為工作日設限，所以你知道工作何時開始、何時結束。如果一天需要

理想的一週

<table>
<tr><th></th><th>週一</th><th>週二</th><th>週三</th><th>週四</th><th>週五</th><th>週六</th><th>週日</th></tr>
<tr><td>8:00</td><td colspan="5">晨間習慣</td><td></td><td></td></tr>
<tr><td>9:00</td><td colspan="5">工作日開工儀式</td><td></td><td></td></tr>
<tr><td>10:00</td><td colspan="5" rowspan="2">深度工作</td><td></td><td rowspan="3">上教堂</td></tr>
<tr><td>11:00</td><td></td></tr>
<tr><td>12:00</td><td colspan="5">午餐</td><td rowspan="3">家務時間</td></tr>
<tr><td>13:00</td><td rowspan="4">團隊會議</td><td></td><td></td><td></td><td rowspan="4">出外開會</td><td rowspan="4">家庭時間</td></tr>
<tr><td>14:00</td><td></td><td></td><td></td></tr>
<tr><td>15:00</td><td></td><td></td><td></td><td></td></tr>
<tr><td>16:00</td><td></td><td></td><td></td><td></td></tr>
<tr><td>17:00</td><td colspan="5">工作日收工儀式</td><td></td><td></td></tr>
<tr><td>18:00</td><td colspan="4">運動</td><td rowspan="4">約會之夜</td><td rowspan="5">朋友聚會</td><td></td></tr>
<tr><td>19:00</td><td colspan="4">晚餐</td><td></td></tr>
<tr><td>20:00</td><td colspan="4" rowspan="2">自由時間</td><td></td></tr>
<tr><td>21:00</td><td></td></tr>
<tr><td>22:00</td><td colspan="5">上床睡覺</td><td></td></tr>
</table>

花六、七或八小時來工作，剩下可以運用的時間就很多。原則就是在非工作時間安排可以達成理想平衡的活動。

比如說，你想一週留一個晚上見朋友，那就把它安排在理想的一週行事曆上。無法預測的行程，是我們比以前的人還少社交的一個關鍵原因。[22]如果因為臨時會議或工作而壓縮到晚上的時間，就很難先跟朋友或他人規劃見面行程。但如果你知道週四晚上就是專門拿來喝酒或聚餐的，你就可以放心把行程排下去，不用擔心因為不確定自己一開始排的行程如何，而要取消或錯過聚會。

這個作法也適用於固定上床與起床時間、運動、做瑜珈、約會、家庭聚餐、上教堂、冥想、散步等。把時間留下來，並照著行程走。可以預測的行程會大大增加成功做到的機率。

・預習下一週

如果積極關注即將到來的事情，我們比較容易保持平衡。這也是為什麼我們會建議要預習下一週的行程，如果有伴侶的話，最好跟他們一起。花點時間，在新的一週開始之前，預習下週的任務截止期限、答應要做的事情、有什麼活動等。家長會、看診、跟客戶吃飯這些事情，並不是突然跑出來的，但有時候我們會忘記這些事情，或只有其中一方記得。

預習下一週讓我們有機會弄清楚預期的事情，包括誰在什麼時候要做什麼事情。意料之外的事都摒除，保持平衡就會變的容易。你可以用任何一種你喜歡的行事曆或工具來做。

•為每個時段安排具體行程

大自然厭惡真空（Nature abhors a vacuum，譯注：為亞里斯多德的名言，後成科學界諺語，指只要出現空隙，就一定有物質會進來填補空缺），工作也一樣。我們在週末會遇到的困難，是我們不知道該怎麼利用自己的時間，這也是我們失去平衡、過度工作的原因。除了安排你的理想一週行程，你還需要安排每天各時間段的行程，尤其是週末。

我們很多人會自然而然把週六拿來趕進度，或把週日拿來乘勝追擊。如果不排點事情，我們就更容易這樣。第二章的過度工作原因，在週末一樣會發生，而還沒讀完的報告、還沒回完的電子郵件、還沒寫好的講稿會形成拉力，把我們拉走，讓我們離朋友、家人、自己的悠閒充電時間越來越遠。

給自己一點時間休息吧。有些人覺得整天沒排行程，一切順其自然沒問題，但有些人覺得安排特定的活動對他們很有幫助，可以是和朋友一起修車、來場居家裝修計畫、做指甲、跟家人健行等。如果可以幫助你貫徹執行，那就把它當成跟最重要的客戶開會一樣，排在行事曆上吧。

第 6 章

按下暫停，發揮無所事事的力量

你不等於待辦清單。

——羅伯特．波伊頓

（Robert Poynton，牛津大學賽德商學院副研究員，

著有《請暫停：你不等於待辦清單》

〔*Do Pause: You are Not a To Do List*〕。）[1]

原則4 不事生產其實充滿威力

空白四小時催生魔法世界
——J.K.羅琳（J.K. Rowling）的故事

一九九〇年，J.K.羅琳坐上一班擁擠的火車，準備從曼徹斯特前往倫敦國王十字車站。開到一半，火車發出轟隆聲響，接著停下。羅琳和其他乘客於是等待，再等待。四小時過去，火車才再度上路。如果羅琳對此勃然大怒，你會怪她嗎？四小時坐在一個地方，什麼事都沒做，更別提地點是在陰鬱的火車車廂裡，即使是很常坐火車的旅客都可能會崩潰。

但羅琳並沒有發脾氣。這段無所事事的時間裡，誕生了一個叫做哈利波特（Harry Potter）的新角色。根據羅琳的網站，這個新角色就在她卡在火車上時「掉進她的腦袋」。「我從六歲開始就幾乎不間斷寫作，但我從來沒有對一個寫作點子這麼興奮過，」羅琳回憶：「我身上沒有可以用的筆，但我覺得這是好事，我就這樣坐著思考了四個小時（火車延誤的時間），所有細節在腦海裡成形，這位戴著眼鏡、頂著黑髮、不知道自己是巫師的乾瘦男孩，在我腦海裡變得越來越真實。」[2]

等一下，她沒有筆！想法消失的速度可能會跟出現的速度一樣迅速。有這麼棒的靈感卻沒有辦法記下來，真的會把人搞到抓狂。更別提還要不去注意靜止的火車上，有各種令人分心的事物——生氣火車延誤所以不停碎碎念的乘客、窸窸窣窣的報紙、照顧覺得無聊所以抱怨個不停的小孩的父母，諸如此類。但她不知道怎麼做到的，就這樣把靈感記著，回到家就寫好故事大綱和試讀章節。有數十家出版社都拒絕了羅琳，但她最終仍找到一家出版社讀懂她想說的故事。她簽了合約，領了五千元的預付款，而這筆錢出版社早早就賺了回來。

這段意外讓羅琳無所事事的四小時，成為她打開成功的大門。《哈利波特：神秘的魔法石》（*Harry Potter and the Philosopher's Stone*）精裝本首刷只有五百本。今日，《哈利波特》系列書籍已經賣出超過五億本、翻譯成八十種語言、催生出八部電影和相關商品、並生產價值超過七十億美元的官方周邊商品。《金融時報》（*Financial Times*）指出，J.K.羅琳的品牌價值已超過兩百五十億美元。[3]

我（麥可）在擔任出版行銷、發行人、執行長的職涯之中，也經手過數千本書籍的出版業務。《紐約時報》排行榜的書和暢銷書，我都有參一腳，但我從來沒有一本書或一系列套書，像背後裝了馬斯克的火箭一樣一飛衝天。羅琳的成就不是一般人所能及的。

但我們在羅琳故事中要看到的重點，是她的成功與卡在靜止火車上無所事事之間的直接關連。看著羅琳的成就和她為了成功所做的一切，的確讓人熱血沸騰，但其實除了她做的事情，還有其他的東西。不歇息，難收穫。如果想贏得賽車比賽，車子就要偶爾打空檔，但我們很難輕鬆接受這件事，對吧？

「一定要有成就」的迷思

花了好幾週準備和好幾個月的忙碌之後，老闆會問什麼？「有沒有達成目標？」若回答「有」，則個人、團隊、部門都能享受隨成功而來的表揚。更高的預算和更多的人力常隨著勝利而來，因為聰明的公司會幫業績好的部門挹注更多資源；但若回答「沒有」，你可以會得到臭臉一張、又臭又長的批評一頓、或其他更糟糕的待遇。如果你失敗的頻率高，規模又很大，那你可能會面臨預算縮減、被調職、開除、或裁員的命運。

一間公司的每一個環節，包括願景、策略方針、預測、報表、時間軸、指標、成果等，都是以達到成就為目標。我們習慣投資就要有報酬，而只有在達成想達到的目標時，我們才能得到報酬，而這背後有很好的理由。目標沒有達成，企業發展就會停滯，公司就會失敗。領導階層知道成就是生存的必需，這就是為什麼業績獎金是給達成目標的人，而非嘗試達成目標的人。

我（麥可）想成功的慾望簡直像個無底洞。我是會一直去看指標，確定我有超越上個月業績（不管數字是多少）的那種人。我很愛成功的感覺，愛到可能有點病態了。我已經提過，在我職涯發展初期，我曾早上五點進辦公室，晚上六點才走，我想成功想到不行。

如果我們不好好留意，我們的自我認同和價值感，就會被自己的角色和成就帶來的榮譽感綁住，最後變成沒有這些，生活就沒了意義。這就是工作變成自我實現的主要依據時，會出現的黑暗面（請見第二章）。達成目標時，我們覺得自己很有用，並心滿意足、滿面春風；反之，如果沒有達成目標，我們就覺得自己很失敗。

我們知道一個殘酷的事實，就是團隊裡表現極佳的人會搶走我們的風采，奪走大家的目光，並得到升遷，或甚至取代我們。馬斯克在讚頌過度工作的美好時，也說過同樣的話，記得嗎？他說，工時兩倍，完成的事也變兩倍。當然，這不是真的，在一週五十小時的工作後，成果只會越來越糟，生產力會越來越倒退，他是在利用我們的恐懼，和我們的興奮情緒。工作就是一場競爭！你不會想要輸！你可以當個贏家！開始加班贏得勝利吧！

但只看成就這種短視近利的想法，會讓我們忽略做毫無成就的事帶來的好處。過勞崇拜說，人應該要一直都很忙，忙著達成目標。許多人認同這個想法，積極用工作把時間填滿，如果工作沒有填滿時間，就渾身不對勁，但過勞崇拜就跟它的教條一樣，都是錯的。

躺平有理！無須罪惡感

我們有個開影印店的朋友，他店裡裝有幾台大型事務印表機。這些機器雖然是最先進的款式，但並不是隨時都可以使用。一台事務印表機全力生產，代表八五％的時間用於運轉，一五％則是必要的停機維修時間。

人也是一樣，只是需要的停機時間更長。孩子在學校有休息時間，而大人也需要休息，才能維持生產力。**我們需要工作與休息互換的規律，才能在職場和家裡都擁有最佳表現。**大腦和身體並不是設計來二十四小時運轉的，我們需要沒有成就的時間。

如第二章所見，成就的重點在於行動的目的、達成的目標、完成的計畫、打勾的任務項目，但毫無成就的活動，重點就在活動本身。我們喝酒是為了享受美酒；我們跟朋友暢快大笑度過一晚，是為了享受他們的陪伴；我們彈樂器，是為了享受玩音樂的感覺。

我們做這些事情，是為了當下的體驗。這些活在當下的活動，也涉及我們不同的自己。它讓我們總是處於工作狀態的自己得以休息，並喚醒其他的自己（通常不太情願）出來玩樂、參與其中。而在參與這些事的當下，我們整個人都會感覺變得更好。

生活中許多最充實心靈、滋養能量的活動，重點都不在投資報酬率，例如：嗜好、藝術、友誼、音樂、雞尾酒、手工藝、遊戲、讀書會、沙灘漫步、或只是在外頭散步個三十分鐘，都能讓我們恢復元氣和活力，充飽滿滿電力，而這些活動可以有這些效果，就是因為其重點不在於達成目標。

我們之中有些人會因為沒在工作而感到不安。受到隨時在線的工作文化影響，看到一封晚上八點寄來的電子郵件不馬上回，還要等到隔天早上，我們可能會覺得很有罪惡感。[4]一位公司執行長跟《公司》雜誌（*Inc.*）分享他工作的一天，通常都塞滿了計畫與會議。早上進辦公室待了超過十二小時之後，終於到家的他會花時間陪伴孩子、與家人共進晚餐、和妻子看電視並更新近況。但他也承認：「我會注意著手機有沒有工作的事，我知道這樣不好。」[5]

這位執行長並不孤單。第二章有提過，專業人士不只工作時數非常長，還會在理論上已經下班的時間繼續顧著工作。儘管我們很努力，但按下暫停鍵還是很難。

我們常用空白、留白來形容空閒時間，這些詞是從印刷業和出版業衍伸而來。我（麥可）在出版業待了一輩子，但你不需要有十幾年的出版經驗，也能抓到重點，隨便一個讀者也都能懂。塞滿文字、完全沒有空白或留白的書頁，根本無法閱讀。生活也是一樣的道理。塞滿任務、活動、忙碌事項的生活很難存活。

我們在第三章有談到不可妥協的三大重點，留白空間就是其中兩大重點（自我照顧和人際關係）最能發揮的所在。我們每一週也會有一些自然形成的空白，像是晚上和週末就特別多，但過勞崇拜侵蝕了這些時間。

就像上面那位執行長一樣，我們也經常下班時間查看電子郵件，但這個時間我們明明就可以拿來跟家人或朋友聊天、出去散步、看書放鬆、追劇看節目之類的。美國GFI軟體公司（GFI Software）調查發現，十分之四的美國員工會在晚上十一點查看電子郵件；另外，雖然週末有更多時間可以休息玩樂，但七四％的工作者會在週末注意著電子郵件收件匣。[6]下班時間，我們仍在上班。我們的臉埋在手機裡，心思在工作上。

「策略性放空」有利大腦

我們的大腦隨時隨地都在運作，問題是，它們在忙什麼？做毫無成就的事情，可以讓大腦其他區域運作，帶來非常多好處。事實上，心理學家兼西北大學凱洛格管理學院（Kellogg School of Management）

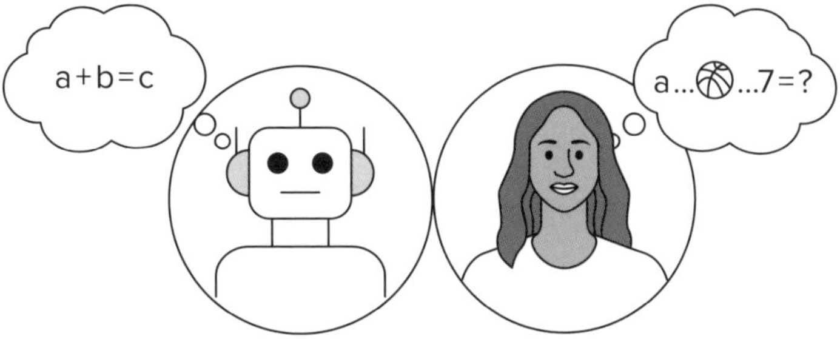

副教授亞當・魏茲（Adam Waytz）就把休閒時間稱為大腦的「殺手級應用程式」（killer app，編按：殺手級在此事形容具有價值、吸引力的）。

在討論人工智慧（AI）擾亂現今與未來人力市場的情形時，魏茲問道：「什麼是人類可以做，而電腦不能做的呢？」魏茲的回答是：「其中一個就是人類的腦袋會神遊，電腦不會。」如果我們專心想著眼前的工作，那很好。而如果腦袋神遊，就可能忘記回覆重要工作訊息、深陷做不出每月財報的痛苦中、或開會時抓不到重點，但大腦神遊也是有益處的，而休息就是大腦得以神遊的時間。

讓心智放空漫遊，與創意思考、橫向思維、產生別出心裁的想法之間，有強烈的關聯。「休閒活動使大腦放空，藉此把我們從當下的現實抽離，刺激我們產出新奇想法或思考方式的能力，」魏茲說：「如果我們放手讓大腦脫離工作，自在神遊，回到工作時，就能想出更有創意的方法來處理問題。」[7]

我們的腦袋從未關機，它只是在忙不一樣的事情。這表示大腦仍然在背景執行運作，晃來晃去。有些作家會在今日寫作的尾聲留下不完整的句子，因為大腦還是會持續運作。等隔天要繼續寫的時候，大腦早就已經在處理了。休息時間可以讓大腦恢復活力，不僅不會減損工作表現，還會讓工作表現更好。

「長期壓力或千篇一律都不是孕育創意的好環境。」米哈里・契克森米哈伊說，他是讓心流為人所知的心理學家，我們在第二章有介紹過他。他說：「你應該讓有壓力的時刻跟放鬆的時刻交替出現。」放鬆可以是純粹坐著思考，這也是契克森米哈伊所建議的，但他也說，在散步、游泳、蒔花弄草、洗澡、做手工藝的時候，我們的大腦也會朝著創造力的方向悠遊。除了這些，我們還可以加上做菜、釣魚、打高爾夫等活動。契克森米哈伊說攀岩、滑雪、跳傘也可以。重點是你做的事情要能跳脫工作，且和工作大不相同。[8]

過勞崇拜的問題，在於我們會覺得這些好處多多的暫停時光不重要，或甚至完全將之忽略。但在這些時刻，我們可以用上大腦和身體的其他部位，並因為用上全部的自己獲得好處，而不是只有用到跟工作有關的部位。

歷史、商業相關的個案研究和雜誌文章中，講述因為做了毫無成就的事，而發展出創新想法、解決方案、全新產品、甚至成立了一個公司的案例比比皆是。麥可海亞特公司的客戶中，也有多到出乎意料的人因為做了一些毫無成就的事，讓靈光有機會滲入腦海，因而想出具突破性的創新發展、解決複雜難題的方法、或做出讓他們更健康快樂的職涯轉向。

「停一下」更好的三個案例

從休假重燃熱情的諮商師
——愛米（Amy）的故事

我們的客戶愛米因為陷入低潮，所以自己安排了兩週無所事事的休假，並因為這樣遇見了恍然大悟的時刻。

當時，愛米是一個努力不懈的成功人士，她在一家非營利的諮商中心擔任全職，還同時就讀研究所和照顧家庭。讀書讀到深夜、睡眠不足、早起幫孩子準備上學、接著白天上班、傍晚跌跌撞撞趕回家做晚餐，已成為她的日常。

這樣焦頭爛額、毫無界限的極限行程持續了三年後，愛米發現她的生活方式已經到達「幾乎毀了家庭的糟糕狀況」。更糟糕的是，她深信自己的工作並不是自己想要的，所以想放棄。她甚至覺得自己快精神崩潰了。愛米告訴丈夫：「我可能需要去住院，我覺得很憂鬱。」

她就是在這時候，開始了為期兩週的休假。她從來沒有這樣休假過。她就跟大多數的成功人士一樣，深信要找出多餘的休息時間簡直是幻想。我們很能理解她的感受。我們在職涯的多數時間裡，如果休假時不工作就會有罪惡感，覺得自己在發懶，讓員工或上司失望。

愛米的休假不是在棕櫚樹下看海景啜飲檸檬汁，也沒有規劃到巴哈馬群島或世界另一頭來場盛大冒險。她的直覺告訴她，自己有些事沒弄清楚，所以她決定什麼事都不做，兩個禮拜就坐在自家後院發呆，逼自己從忙碌的工作跑步機上下來，才能挖掘內心，探索自己要的是什麼。

「我坐在後院哭了三天。」愛米說：「早上把孩子送去上學後，我就真的整天坐在後院，什麼事都不做。我可能要吃午餐的時候會移動一下，但就只有這樣，孩子到家的時候，我都還坐在後院裡。」

愛米承認第一週有點迷失，所以決定來寫寫日記，也許會有幫助。「一開始，我想到什麼寫什麼，」愛米說：「這裡寫幾個字，那裡寫個幾句。」她花了一些時間才擺脫情緒碰撞與難纏思緒的泥沼，但就在她重讀日記中的雜亂思緒時，她看出了端倪。這就是她恍然大悟的時刻。

「重讀日記，我想到自己曾創業過，」愛米說：「突然間，心中的真相浮現。我發現自己想放棄的並不是諮商專業，而是幫別人工作。我還是很喜歡助人的這份工作。」

對於這個發現，愛米一刻也不拖延。「我上網找尋正在招租的諮商空間，一個只屬於我專用的空間。我找到一個地方，打電話過去，房東說他正好在那裡，如果想看看的話可以過去，他只剩下一個空間可以租了。我一到那邊，就直接在停車場簽了張支票給房東，我都還沒與丈夫商量！因為我坐在後院夠久，才有辦法找出對我最重要的事，才能夠做出這樣的決定。」

過去，愛米被兩股力量拉扯，這兩股力量都來自工作成就的風暴。第一股力量是她忘了對自己來說不可妥協的重要任務（見第三章）。她沒有全心投入在最適合她的專業工作，而是做一些她沒有熱忱也不熟練的事情（這兩件事情所形成的重要交集，請見麥可另一本著作《想專心就專心》〔*Free to Focus*〕）。

第二股力量是長期思緒混亂的愛米，無法找時間好好反思。「無所事事帶來的空間與安寧，是在生活中退一步綜覽全局的必備條件，」漫畫家提姆．克里德（Tim Kreider）說：「也是想出新奇連結與等待狂野夏日靈感閃電降臨的必備條件。所以雖然看起來很矛盾，但無所事事帶來的空間與安寧，是讓工作完成的必需。」[9]

確實，愛米騰出放空的時間後，靈感閃電馬上降臨，改變她的職涯，也翻轉了人生。「自己出來創業是很大的決定，」愛米說：「我以為只會有我一個人執業，但我的個案很快就多到無法自己接了，所以短短兩年內，我就從一人作業成長為十六位諮商師的團隊，業績高達七位數。我還有五位支援人力負責處理線上業務，而我們這個月準備再多僱兩個人。如果我沒有花那兩週的時間坐在後院無所事事，我現在可能還是悶悶不樂的幫別人工作。」

愛米把自己放在「暫停時間」裡夠久，因而重新找回自己真正的熱情所在，所以現在，她活出了雙贏人生。

六小時換千萬美元的工程師
——塔瑪拉（Tamara）的故事

塔瑪拉是位充滿野心的成功人士，在威訊通訊公司（Verizon）擔任製程工程師已經二十年了。塔瑪拉負責的大型計畫，目的是改善製程、減少浪費、增加獲利能力。「我會到公司裡每況愈下的部門，評估並決定要怎麼改善製程，將該部門變得比之前更會賺錢。」塔瑪拉告訴我們。大多數她主導的計畫，都幫公司省下了數百萬美元。

這麼多年來，她有七五%的時間都在當空中飛人。塔瑪拉的生活家當都在塞在一個行李箱，她在不同城市間移動、發表簡報、達成另一個目標，忙到完全沒有自己的休息時間。但即使她設法從行程表上擠出一些空閒時間，她也承認：「我可能還是會忙其他五件事情。」就在這個時候，塔瑪拉被困在以班機延誤而惡名昭彰的紐澤西紐華克機場，而延誤的時數很誇張，是六小時。但就跟J.K.羅琳一樣，這種時刻開啟了一扇重要的無所事事之窗。

「在我登機門周遭的機場區域，沒有可以充手機或筆電的插座，也沒有電視，」塔瑪拉回憶：「所以那六個小時，你就只能卡在那裡想事情、觀察路人、或讀點東西。」

知識工作者最珍貴的時刻就是思考時間。當時，塔瑪拉的團隊正在想辦法重新設計帳務系統。問題是，已經提出來的提案大多都不好。「這我們之前已經做過了。」團隊成員會這麼說，把這個想法駁回。「我們想到的解決方案，沒有一個令人眼睛為之一亮或獨具巧思，」塔瑪拉說：「但坐在那裡什麼事都不能做的那幾個小時，卻讓一個想法漸漸浮現。」

塔瑪拉想到一個重整帳務系統的方法，跟之前的提案不一樣，是他們從沒嘗試過的。「我從來沒有考慮過這種方法。」塔瑪拉說。但因為有那一段空白時間，她想出了解決辦法。「這個計畫最後幫公司省了一千萬美元。」她說。以六小時的無所事事來說，一千萬美元是非常驚人的報酬。

非工作時間發想軟體的經理

——羅伊的故事

現在我們已經看到毫無成就的時光可以有什麼樣的成效了，但上述案例的放空時刻都是因為絕望或不得不而產生的。下一步要認知到的，就是你也可以刻意留下時間遠離工作，隨意發想、思考、拼湊、做白日夢。

還記得我們在第四章介紹過的羅伊嗎？他是居家修繕業客戶經理，業務跨及全美，成就非凡。他的母公司有六千名員工，年度營收達四十億美元。他就像父親一樣，在這間公司裡投入了數十年光陰，對公司大小事都瞭如指掌。幾年前，羅伊有八〇%的時間都在各地出差，雖然他主要業務在田納西州（Tennessee）中部，但也有客戶在諾克斯維爾（Knoxville，譯注：位於田納西州東部）、查塔努加（Chattanooga，譯注：位於田納西州東南部）、亨茨維爾（Huntsville，譯注：位於田納西州南邊，阿拉巴馬州境內）。

雖然三年內就成功讓公司規模從兩千四百萬美元成長到四千萬美元，他卻無時無刻不倍感壓力。「我當時整個人一團糟，」羅伊告訴我們：「我心不在家庭，也不在工作，沒辦法把事情做好，所以我既不是生活勝利組，也不是職場贏家。」請記住，羅伊還「刻意」養了十二個孩子，七個是親生，五個是看到賴比瑞亞的慘況，他和妻子覺得有必要一次全數收養的孩子。

羅伊意識到，自己現在的階段沒有辦法繼續做出幫助公司順利營運的決定。「我需要一個平台，可以訓練員工，還能讓我人數漸增的團隊把手上所有計畫都放在上面。」

問題是，這個平台並不存在。正當羅伊為此困擾時，創意大師史蒂芬．強生（Steven Johnson）所說的「慢直覺」（slow hunch，編按：偉大的想法不是一蹴可幾，而是透過過去的各種微小累積而來，在此指非工作時間的各種想法形塑了新的可能性）慢慢浮現了，[10]所以羅伊和身為開發工程師主任的兒子通力合作，從例行工作中騰出一些腦內空間，來發想出一個獨具創意的軟體。這個軟體工具最終幫公司成長到將近五千三百萬美元的銷售額，而羅伊的母公司也注意到了。他本來想在公開募股的時候賣出這套軟體，但母公司提議要直接買下軟體，而現在羅伊透過這套整合軟體系統持續獲利。「這套軟體的點子，是在我為非重點工作留下的空間裡創造出來的。」羅伊說。

空白空間更能盡情揮灑

空白空間也可以納入公司政策之中，只不過沒幾間公司這樣做。一個值得注意的例外是Google。Google的領導團隊給工程師較多額外的時間，所以這些工程師的頭不會像卡在名為成就的斷頭臺上，而是可以自由作夢、發想。

每週會有一天（等於二〇％的工作時間），工程師不需要執行例行任務，可以隨意探索自己想做的個人專案。沒有時程、沒有預期成效、沒有要求工作目標，只有超大的夢幻機會箱任他們遊樂（編按：比喻一個充滿機會和創意的環境）。聽起來很瘋、很不合常理、很危險？那當然。那效果好嗎？好啊！好到不行。

有一份報告指出：「Google每一年產出的新服務，通常有超過一半是從這段完全自主的時間裡誕生的。」[11]大家可以好好想想。舉個例子，Google科學家克里希納．巴拉特（Krishna Bharat）就在他二〇％的自由時間裡，研發出Google新聞，這個服務現今每天吸引數百萬人造訪。其他自二〇％自由時間裡誕生的還有Gmail、Google Talk、Google翻譯、Google Sky等。

我們根本不用去計算Google的淨利有多少錢是來自這些應用程式。Google工程師艾利克．波弗（Alec Proudfoot）觀察到：「幾乎所有的Google好點子，都是從二〇％的自由時間誕生的。」[12]

工程師從日常工作脫離的時段中生成的結果，其智慧財產權自然歸Google所有。顯然，當我們跳脫例行工作，進入自由創作的毫無成就時段，就會有不可思議的事情發生。還需要更多證據嗎？推特、Slack、酷朋（Groupon）都是從非正式專案開始的。[13]

毫無成就不代表你什麼事都沒做。在我們見到的例子裡，若處在成就並非主要驅動力，大腦得以自在遊走、想像、創造、作夢的環境時，突破框架的點子就會隨之而生。我們說的「無所事事其實充滿威力」就是這個意思。

雙贏練習 4

培養異於工作的興趣

道格（Doug）是我們的共同好友，他最近面臨健康危機。醫生告訴他：「你得休息，長期工作的壓力已經影響到你的健康了，不休息，身體不會好。」道格反駁說：「可是我很愛我的工作，我不覺得有壓力。」

醫生跟他解釋了我們在本書介紹的道理：我們的大腦和身體都不是設計來不停工作的。我們需要休息，需要刻意培養工作與休息的規律。接著醫生問：「你有沒有什麼嗜好？」道格承認他一個興趣也沒有。

這就是成功人士總是過度工作且難以按下暫停鍵的主因，他們純粹不知道如果不工作的話，可以做些什麼。「工作就是我的嗜好。」我們常在企業家客戶口中聽到這句話。也難怪可以看到他們在排定的休息時間仍埋首於筆電和手機，而不是在花園、小溪、廚房、高爾夫球場、滑雪道或運動場。比起嗜好，工作容易的多，且（如第二章所言）更有樂趣，也可以讓他們更投入。

所以會變成有兩種休閒模式：

- 留時間休息，但又覺得怪怪的，很不自在，容易分心，接著就放棄掙扎，轉而去做讓自己更自在的事情：回電子郵件、看試算表之類的；
- 被超長工時搞得筋疲力盡，無法再做任何有意義的休閒娛樂，因此決定開滑IG，瀏覽無窮無盡的動態消息，或任憑Netflix自動播放影劇虛度光陰，看了什麼也不記得。

這兩種情況都有點極端，但我們都經歷過。要從簡單又毫無成就的事務中得到純粹的快樂，這種能力是可以培養的。有些人覺得光是暫離工作就已經很有效了，但有的人可能需要更強的處方。從米哈里·契克森米哈伊的心流理論來看，關鍵在於培養能讓我們享受其中的嗜好或休閒活動。

有難度又刺激有趣的嗜好，可以讓我們沉浸其中，也能刺激腦力，讓我們在工作之外，有可以投入時間和生活的目的。愛上做菜或園藝的人，等於發掘了一段觸覺與感官體驗豐饒的經歷，與日常辦公室工作的感受大不相同；而以學習語言為嗜好的人，則會開始欣賞和自身不同的文化。

我們家族都很喜歡釣魚，尤其是飛蠅釣，這是我們家族世代間會一起做的活動，釣魚的嗜好在我們家族創造了許多年的美好回憶。要把毛鉤（一種釣魚鉤）放在恰到好處的地方很有難度，而這個有趣的挑戰會讓人全神貫注。每一次拋投，我們心中都充滿平靜，感到神清氣爽、神智清明。這個過程需要全心專注，而我們都因此成為更好的領導者。

許多研究也證實了這個觀點。嗜好不只能幫你恢復腦力，一項研究還發現另一個好處：「在嗜好上多花一點時間，可以增強對工作能力的自信。」前提是這個嗜好不能跟你的專業類似。[14]

舊金山州立大學（San Francisco State University）研究者探究當人投入做菜、攝影、繪畫、編織等嗜好或創意活動時，對工作表現會產生什麼影響。心理學助理教授凱文・艾克萊曼（Kevin Eschleman）表示：「我們發現一般來說，對創意活動越投入，（工作上）表現就會越好。」這項研究也指出：「有創意活動當嗜好的人，工作表現提升了一五％到三〇％。」[15]

興趣不只是提升工作表現的好方法，有研究發現，有一些嗜好還能增強腦力。以下是五種嗜好和其對大腦帶來的好處：

- 運動可以增進長期記憶力、降低罹患失智症的風險；[16]
- 閱讀可以加強左腦顳葉之間的連結；[17]
- 學習語言可以減緩大腦老化的速度、增進晚年認知能力；[18]
- 打電動可以提升空間定位、決策規劃能力與動作表現；[19]
- 玩樂器可以增加認知能力、口語流暢度、學業表現。[20]

那麼，歷史上許多最偉大的科學家都知道嗜好對復原身心的好處，也就不是什麼意料之外的事了。

愛因斯坦自學小提琴，他有時候會跟馬克斯・普朗克（Max Planck）一起玩樂器，而普朗克沒有忙著發展量子論的時候，也很喜歡彈鋼琴。[21]記者兼評論家H・L・孟肯（Henry Louis "H. L." Mencken）也很愛彈琴，他時常跟叫做「週六夜俱樂部」的一群朋友一起彈琴，甚至還寫了一篇喜歌劇（comic opera，編按：一種輕快或滑稽的演唱戲劇作品）。[22]

我（麥可）青少年時期很喜歡玩音樂。我高中三年和剛進大學的那段時間，都是一個搖滾樂團的吉他手，我甚至還在德州威科市（Waco）市外一家酒吧駐場獨秀吉他，一晚六十美金，啤酒任我喝。

大一尾聲的時候，一個來自奧斯汀（Austin）的樂團邀請我當他們的貝斯手，這看起來是一個大好機會。他們要我輟學，搬到德州丹頓（Denton）的一間農場練團，然後開始上路演出賺錢。

不知道為什麼，父親竟欣然接受。「現在就是你這輩子最適合做這件事的時候，」他說：「如果最後失敗了，你隨時都可以回學校，但如果成功了，就是好事一樁！這是你一直以來都想要的夢幻工作。」我簡直不敢相信自己的耳朵，但我仍打包行李，雙腳滑進牛仔靴，出門啟程。麻煩的是，我的樂團團員其實不想練團，只想玩樂。我撐了六週，最後宣告放棄，父親匯了客運錢給我，我於是重返文明社會。

我回來的那學期已經來不及復學了，所以我開始挨家挨戶推銷百科全書。父親總說銷售可以賺到最多的錢。我無法進到音樂產業，但我後來的確利用我的銷售技巧，爬向出版業的頂峰。然而，在高升的同時，我也和自己做了一場糟糕的交易。

我在職場往上爬的時候，忽略了音樂好幾年，我連把音樂當作嗜好都沒有，但有兩件事扭轉了這個情形。第一個是我發現雙贏的威力後，就在行事曆設下嚴格的界限，空出時間做其他喜歡的事；第二個是知道我有多喜歡音樂的妻子蓋兒，送了我兩支美洲長笛。現在，我有約十支長笛，而且每一支不只尺寸都不一樣，還都用不同的木材手工打造而成。我已經上了好幾年的長笛課，而且盡可能每天都練習個二十到三十分鐘。

有一點要提出來談，就是成功人士培養新的興趣時，可能會遇到巨大的阻礙，也就是回去當初學者，做你本來不擅長的事情。有些人不培養嗜好或工作以外的興趣，常見的一個主要原因，是他們被一個局限自我的信念嚇住了，比如「我音樂能力很差」或「小時候沒人沒教我怎麼釣魚」之類的。而訓練的一大好處，在於這世界上某個地方的某個人已經知道你想要什麼，也能夠幫助你探索想做的事，這個人可以是實體見面的老師，或是YouTube的教學影片。當我們從頭開始培養新興趣時，我們體驗到什麼叫做「初學」，而這種新的觀點，會為我們的事業帶來有望派上用場的新思維。

你可能會想，難道沒有什麼更有生產力的事情可以做，一定要培養興趣嗎？答案是「是，也不是」，你當然可以花更多時間工作，時時刻刻塞滿工作，沒有一秒漏掉，但就如我們先前所見，這樣只會適得其反。你所能做最有生產力的事，就是偶爾做些毫無生產力的事。你的身心因而能得到更好的休息。你會更有活力，也更有創意，也可能更可以享受人生。

第 7 章

每天關機，重啟身心運轉發條

有一件事很好笑，就是如果你越想睡，你就會花越多時間才能上床睡覺。

——C · S · 路易斯

（C. S. LEWIS，1898～1963，英國名作家，
最有名的作品為《納尼亞傳奇》系列）[1]

原則
5
高成效靠「睡眠休息」立基

不闔眼導致事業停擺的女強人
——譚雅（Tanya）的故事

譚雅是我們高階主管訓練的客戶。她承認已剝奪了自己好幾年的睡眠，時常每天睡不到兩小時。家裡做的是精密器械製造業，她是第三代的執行長。公司製造各式各樣的精密零件，包括組裝眼鏡的小螺絲，或為機械不得出錯的產業製造零件，如航空業或醫療器材業。

譚雅有兩個好動的孩子，且都參與了學校的運動賽事。女兒參加排球隊，需要往返不同地點參加錦標賽。為了跟上女兒的比賽時程，同時擔起營運公司的責任，譚雅承認她缺乏睡眠的情況已經好幾年了。

「我說服自己不需要睡覺，因為我要支持女兒，」譚雅說：「我知道我只要把工作放進背包裡扛著走就好。我根本是個專業搬運工，看起來像隻忍者龜，因為我的背包超級大。為了帶孩子到他們想去的地方，我什麼都犧牲了，只睡兩小時也沒問題。」

譚雅覺得必須贏在職場的壓力還來自於這個事實：「製造業沒有什麼女性，跟我共事的都是野心勃勃、衝勁十足的男性，而他們也都很成功。我不知道他們有沒有在睡覺，但我會向他們的工作方式看齊，而他們所有人都是隨時在線。」譚雅補充：「如果這代表我一天只能睡一・五個小時，那這就是我該做的。大多數夜晚，我的大腦都無法停止運轉。我想著，等到孩子上大學，我就可以睡覺了。」

讓譚雅的情況變得更糟的是，某天有位客戶因破產而取消訂單，使得公司的資產負債表在一夜之間轉盈為虧。公司現金流從正值變成負值，還是負幾百萬美元。譚雅身上背負著四十二名員工和其背後家庭的生計，幾乎快要喘不過氣。

她得找方法拯救公司，而這需要更多時間。「我什麼都做，總是風馳電掣，頭髮都快燒起來了。我不想過這種生活，但我不知道怎麼不過這種生活。既是母親又是老闆的我，落入了忙碌謬誤的圈套中。」

此時，譚雅發現自己已經跟不上工作進度，沒辦法持續達成目標。而在公司最需要她的時候，她卻因為缺乏睡眠而無法挺身而出。許多成功人士現在才在學習這個道理。持續有許多研究指出，睡眠能幫助我們恢復活力，也說明如果沒有充足的睡眠，會造成什麼影響。

缺乏睡眠比飲酒更危險

「啤酒沒了！」十七歲的年紀，這四個字代表著某種危機。當時的某個週六凌晨，我（麥可）和六個朋友痛快暢飲。我們找到的完美地點位於威科湖（Lake Waco），一座位於德州威科市、占地七萬九千英畝的水庫。這裡沒有大人管，是鎮上高中生最愛的喝酒場地。

這場危機從那天凌晨一點開始。在那個年代，所有商店晚上十一點之後都會關門休息，但附近有一家便利商店是其中一個朋友管理的。「大家，」他說：「店關了，但店裡的冰箱有啤酒，而且我有鑰匙！」我們全擠進車裡，三個在前座，四個在後座，開往鎮上。

我們偷偷潛入商店，搬了幾箱啤酒，準備回去繼續派對。回威科湖的路上，朋友們就已經開喝。車窗開著，我們擊掌大笑，歡慶勝利。

突然，一輛警車出現在眼前，經過我們的時候，警車的速度慢了下來。我看向後照鏡，發現警察可以看進我們的車子裡。我開始冒汗，七個男的凌晨兩點在車子裡大喝啤酒，怎麼可能不引人注目，而我們的確也引起注意了。警車的警示燈如聖誕裝飾燈般點亮。一瞬間，他緊急迴轉，駛向我們。我不確定我迎來的會是什麼，但我沒有停在路邊等待命運降臨，而是用力踩下油門。

衝了一英里之後，我緊急左轉，離開主幹道，進入一個社區，想把警察甩掉。當我們在社區街上暴衝時，我的夥伴慌慌張張把啤酒瓶丟出車外，希望消滅所有證據。他們差不多快丟完時，我發現了可以逃出社區的路。我再一次急轉彎，把車駛離。然而，警察早就看穿我們的計謀，安排兩台警車在前方擋住去路。我緊急煞車，車子發出尖叫聲。

表演燈光秀的那個警察立即在我車後停車，他下車，跑來我車門外面。「全部人給我下來！」他吼著，強忍憤怒，命令我們把雙手放在車上，把腿張開，接著他開始嚴厲的訓誡我們。

我決定裝傻。「怎麼回事，長官？」我說：「有什麼問題嗎？」

「我一看到你就聞到你身上的酒味了，到現在都還聞得到。」

我緊張得咽了咽口水。「可是，」我反駁：「我們身上沒有酒啊，我們是清白的。」

他搖了搖頭並看著我，那個眼神，不管多醉的人都會瞬間清醒。「你們這幾個男生做了什麼，我清清楚楚。你們把啤酒瓶丟出車窗外，孩子，這違反了廢棄物處理法。另外還有在車上公然飲酒、危險駕駛、拒捕等罪。」

我的心一沉。我完了，眼前開始上演人生跑馬燈。然而，我們的命運峰迴路轉。「你們今天很幸運，」警察交叉著雙臂說：「我們今晚在整理監獄，沒有空間關你們。現在馬上回家，不要再被我抓到你們像今天這樣耍猴戲。」

等一下，什麼？他沒有要把我們拖去警察局？也沒有要開罰單？甚至不聯絡我們父母？只給我們口頭警告就讓我們走？我不敢相信，我們竟然會這麼幸運。

事後，我對自己那晚的行為一點都不驕傲。年少的血氣方剛褪去之後，這件事變的糟糕透頂。現在回頭看，我覺得很丟臉，因為當時的我毫無判斷力。在幾罐酒精的影響下，跑給警察追似乎是個好主意。車裡所有人都在為飆車的我歡呼加油，但講好聽一點，當時我的判斷力受損了。為什麼要講這個故事呢？因為有很多成功人士都像那一晚的我和朋友們一樣，用像受到酒精影響的判斷力來行事。

不睡覺，損害的不只健康

睡眠不足對健康的影響眾所皆知：壓力荷爾蒙升高、免疫力降低、肥胖、心血管疾病、糖尿病、中風風險增加、早死機率增加，還有許許多多討厭的缺點。比較沒有人注意到的，是缺乏睡眠對我們工作表現產生的影響。

你每天睡幾個小時呢？三分之一的美國成人每晚睡眠少於六小時，而即使說自己睡比較多的人，實際上也可能沒睡那麼多。我們睡的通常都比我們以為的少，因為我們算的常常是待在床上的時間，而不是真正睡著的時間。[2]

那會怎麼樣？一個人只要醒著沒睡超過十七個小時以上，就有可能陷入酒醉狀態，判斷力受損的情況直逼法律限制，甚至還可能超過。而要達到這個狀態，其實一點都不難。假設你早上六點起床，一直醒著到午夜，這段時間，你忙著趕計畫或回電子郵件，接著看完Netflix最喜歡的節目之後才睡覺，這樣你醒著的時間就是十八小時。

「很多人會因為工作、家庭、社交活動而醒著超過十六小時，」這是研究者A．M．威廉蒙（A. M. Williamon）與安─瑪麗．費爾（Anne-Marie Feyer）比較嗜酒者與無眠者後發現的結果：「醒著這麼長一段時間，累積的疲勞將會影響攸關安全的行為。」[3]

不睡覺對我們的心理和情緒影響也很大。情緒、記憶力、決策能力、創造力、甚至智商，都會因睡眠不足而受損。事實上，根據神經科學家塔拉．史瓦特（Tara Swart）的研究，如果你一個晚上沒睡，你的「運作就像是有學習障礙一樣」。[4]

要達到公司的重點目標，就需要創意思考和即時解決問題的能力，但創新、找出模式與水平思考的能力，都會因為睡眠不足而變弱。以上這些能力運作的思考歷程都是以睡眠做為燃料，若沒有睡眠，思考歷程就會受損。我（梅根）如果一天沒睡滿八小時，在工作（或家裡）就會什麼都做不好；而我（麥可）整天保持活力的最佳方法，就是在午餐後小睡一下。缺乏睡眠，效率全不見，這對我們所有人來說都是如此。

神經科學家潘妮洛普．里維斯（Penelope Lewis）指出：「睡眠剝奪會讓人難以想出有創意的點子，也比較容易抓著漸漸無效的策略不放。」[5] 研究者研究大腦活動，想弄清楚箇中原因。二〇一七年，科學家團隊發現，睡眠剝奪狀態下，神經元活動會降低，我們的大腦細胞卡在原地，無法與彼此溝通。[6]

如果大腦運作速度降低，那我們理所當然會遇到一些溝通上的問題。無論是對同事、朋友、孩子、伴侶或任何人都一樣，除非我們能控制情緒、了解他人情緒，否則我們無法在這個世界上與他人一同行動。比如說，我們要可以解讀他人表情，解析他人語氣。而缺乏睡眠會讓這些能力出現漏洞。

「睡眠剝奪時，大腦更可能會對他人的訊號解讀錯誤，並對他人情緒反應過度，也會用較負面的行為或語氣表達感受。」尼克．范丹姆（Nick van Dam）與艾爾．范德海姆（Els van der Helm）在《麥肯錫季刊》（*McKinsey Quarterly*）中寫道。兩人提到，研究指出睡眠剝奪的人難以相信他人，而睡眠不足的主管，會讓員工更不想投入工作。[7]

睡眠剝奪會侵蝕我們經營必備人際關係的能力，而且我們甚至還沒辦法意識到情況變得有多糟。**當我們剝奪了自己的睡眠，就更難看到睡眠剝奪讓我們付出的代價和原因**。大腦負責複雜思考與推理的區塊，對工作過度與休息不足特別敏感。判斷力受損時，我們很難承認或注意到自己的能力也跟著受損了。「睡眠剝奪時，大腦第一個關閉的區域，」哈佛教授羅伯・史帝葛德（Robert Stickgold）說：「就是那一小塊說著『我表現不太好』的區域。」[8]

長期習慣用睡眠來換取趕截稿、清空收件匣、完成計畫的時間，可能會讓要求你完成不可能任務的同儕或老闆給你些獎勵，他們就像我那些酒友一樣，會在警車的警示燈閃耀在身後時給你鼓勵。過勞崇拜讚揚成就，但從來不會讚許那些自我照顧行為的成就。

過勞文化的「不眠不休」泡沫

大家會炫耀自己工作多忙、多會玩，但沒有人會炫耀自己睡的很多，而且情況通常相反。有名的公司高層、創業家與其粉絲，都對在被窩裡花費短短時間這點讚不絕口，認為對成功十分有幫助。

我們在本書已經介紹過其中一些人，如馬斯克和瑪莎・史都華，但整個名單長到族繁不及備載：傑克・多西（Jack Dorsey，譯注：推特共同創辦人）、梅麗莎・梅爾（Marissa Mayer，譯注：前Yahoo!總裁）、盧英德（Indra Nooyi，譯注：前百事公司執行長）、賽吉歐．瑪奇奧尼（Sergio Marchionne，譯注：前飛雅特汽車公司執行長）、茱莉．斯摩梁斯基（Julie Smolyansky，譯注：美國乳品公司Lifeway Foods執行長）、多明尼克．歐爾（Dominic Orr，譯注：企業網路供應商Aruba Network總裁兼執行長）……還有覺得一定要跟隨他們腳步的人。

在世界各地的公司裡，炫耀的資格都常都是給工作最努力也睡最少的人，在美國尤其如此，我們的工時比其他人都長，休息時間比其他人都短。[9]

賓州大學（University of Pennsylvania）睡眠與時間生物學系(Division of sleep and chronobiology）主任大衛．丁吉斯（David Dinges）稱這種讚頌不眠不休行為的傾向為「睡眠吹牛」。[10]這跟我們第二章講到的假謙虛、真炫耀有關。在過勞崇拜裡，炫耀自己睡很少，也是一種讓他人知道你很重要的方式，表示你很有貢獻、無可取代。不過這也可能是出於恐懼，如果閉眼休息太久，我們會擔心鋒頭被搶走或自己會被取代。

從我們現在的角度來看，這些全部都毫無意義。就如歷史學家蘇珊．懷斯．鮑爾（Susan Wise Bauer）所說：「牛皮吹越大，真相就越小。」[11]我們要關注的，不該是我們在螢幕前越待越久會得到什麼，這些獲得都是假的。我們現在知道缺乏睡眠的代價有多高，所以應該關注的是我們身上遽增的損失。

蘭德歐洲公司（Rand Europe）研究發現，美國每年因為缺乏睡眠而損失的國內生產毛額（GDP）幾乎達到總額的三％，比其他國家都還多。[12]《富比士》雜誌作家麥可．湯姆森（Michael Thomsen）表示，遭睡眠剝奪而思考出錯的大腦，可能就是矽谷產品失敗率高的罪魁禍首，因為在矽谷，把睡眠視為吸血鬼之於聖水的員工會受到獎賞。[13]在這樣的文化下，爛想法該走不走，人才迅速流失，他們的健康和家庭也深受影響。

臉書（Facebook）共同創辦人達斯汀．莫斯科維茨（Dustin Moskovitz）回首創立臉書那段時光，承認如果有好好休息、攝取足夠營養的話，他的生產力應該可以更好。「我看著現今科技業高度競爭的文化，覺得非常難過，」莫斯科維茨說：「我思考後得到的心得是，這些公司在摧毀員工的私人生活，而且還拿不到好處。」[14]

現任Asana專案管理軟體公司執行長的莫斯科維茨，帶著遺憾的情緒回顧在臉書工作的無眠時光。他說，如果當時有充足睡眠和足夠營養：「我會更有生產力，我會成為更好的主管、更專心工作的員工；我恐慌發作和發生急性身體症狀的次數會減少……我跟公司同事挑起爭端的頻率也會變少……而且我還會更快樂。」

研究指出，我們不該減少睡眠，而是應該投資更多在睡眠上。事實上，我們可以說，如果沒有良好的睡眠，雙贏策略就不可能實現。睡眠就是生活各方面成功的必要條件。

睡越多，越成功

晚上多睡覺對我們白天的表現幫助良多，無論在職場或家庭皆然。首先，睡個好覺可以讓我們頭腦清醒。你是否曾經開會時腦袋一片空白、在辦公桌前打盹、或忘記自己要走去哪裡？這些狀況發生的次數，比我們承認的次數還多。

如先前所見，缺乏睡眠，即使只少了一點點，都會大大影響我們的心智表現，也會造成疲勞、專注力降低、反應時間變慢等情形。反過來說，擁有良好的睡眠習慣可以讓頭腦清醒，判斷力和決策能力都會提升，記憶力也會增強。[15]

- **睡眠會增強我們記憶、學習、成長的能力**。腦筋急轉彎的確是個學習的好幫手，但充足的睡眠絕對是最佳學習輔助工具。睡覺時，大腦最為活躍，會在此時整合白天學到的新資訊、處理記憶，並將重要的事物從所有無關緊要的事物中篩選出來。這就是所謂的「學習後的睡眠」（post-learning sleep）。[16]甚至連做夢也對這段歷程非常有幫助。如果我們的工作很吃創意和巧思（誰的工作不是？），那麼睡眠就非常重要。
- **睡眠還可以洗滌情緒**。沒有什麼比缺乏睡眠更讓人憂鬱、易怒、悶悶不樂了。心情想歸零，就去睡一覺吧。睡眠可以減少腦中跟壓力有關的化學物質，有助於控制情緒。「在睡眠動眼期（REM），」湯姆．拉斯（Tom Rath）引述柏克萊大學（Berkeley University）的研究寫道：「記憶會恢復活動，大腦會對記憶形成觀點、互相連結整合，與壓力有關的神經化學物質會受到抑制，這是好事。」[17]研究結果發現，如果好好睡覺，我們就可以用活力滿滿的全新好心情迎接新的一天。

- **最後一點，是睡眠可以幫我們的身體充電**。每個人都有生理時鐘，如果忽略生理時鐘發出的訊號，玩樂太久、工作太晚的話，等於為身體累積不必要的壓力，引發憂鬱、疲勞、體重增加、血壓升高，還會發生很多更糟糕的情況。而睡眠則可以減少體內壓力化學物質、強化免疫系統、促進代謝。與其硬撐幾個小時，何不先充飽電，再用滿滿能量處理工作？你會做的更好，心情也會更好。

重點在於，我們總是把睡眠視為奢侈或放縱的行為，所以為了想提升效率而犧牲睡眠，已成為一種日常。但這是錯的，相反的說法才正確。缺乏睡眠就像刷爆信用卡，當下是有好處（至少感覺上是這樣），但帳單總是要繳，而上面寫的就是受損的心智能力和搞砸的健康。

天天都要有休眠時刻

在最後一章，我們看的是好處多多的暫停時刻。雖然有時候不是很明顯，不過我們的文化原本就有休息充電的時間。每週一天休息日的安息日的概念，至今已有幾千年的歷史，確保我們每週都有時間可以放鬆一下、恢復能量。這個想法最遠可以回溯到《創世紀》，上帝在第七天休息的內容。

但神學家彼得．雷塔特（Peter Leithart）認為，我們在創世紀的故事中忽略了另一個更幽微的地方。無論我們信仰為何，這個地方都值得關注。

「創世紀的故事裡，還有一個安息規律隱藏其中，」雷塔特說：「上帝並不是連續六天二十四小時不停歇的工作，而是每天都有規劃休息的時間。」[18]怎麼說呢？根據《創世紀》，上帝白天工作，但工作時間算成是一天的後半天。所以算天數時，晚上才是一天的開始。甚至現在，觀察力強大的猶太人也將日落視為一天的起點，而非日出，東正教的禮拜日也是從晚上開始算。

「休息時間先，才是工作時間，」雷塔特說：「這幫助我們用對的方式思考，如何在生活中安排安息日和休息時間。我們並不是為了休息才工作的。」**並不是說有工作才值得休息、才能花時間睡覺，而是我們好好睡覺休息了之後，才得以工作**。「我們是因為有休息，才可以工作。」雷塔特說：「有休息，我們才不會變成失心瘋，才不會成為工作狂，因為我們並不是為了休假才急忙完成工作，而是因為好好休息了，才有辦法完成工作。」[19]

所以我們不應該把睡覺當成不情不願的每日終點，而應該當成是開啟一天的最佳起點。

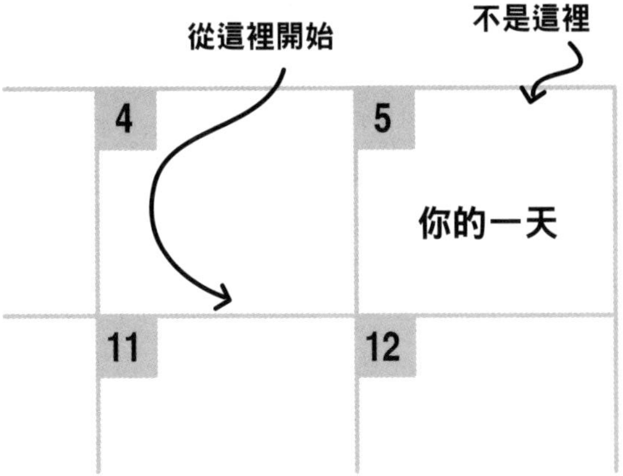

雙贏練習 5

刻意打造夜夜好眠

一天要睡多久才夠呢？每個人都不一樣，但七小時應該是基本。電燈問世以前，人類的睡眠時間遠遠超過七小時。最好的方法就是一天睡八小時，看看感覺怎麼樣。要解決腦霧（brain fog）問題一點都不難，一週好眠就可以讓你恢復清晰思緒。[20]

以下是做了可能可以好睡的方法，不保證有效，但歡迎試看看：

• 營造舒適的睡眠環境

房間一定要暗。我們的身體會從環境接收提示，環境暗，等於提醒身體該去睡覺了。「房間的光源，」一份報告指出：「會強力抑制人體褪黑激素分泌，還會縮短體內認知的夜晚時長。」[21]因此，我們需要用厚重的遮光捲簾或窗簾阻擋外頭的光線，也要降低或關閉房內科技產品的光源。

涼爽的溫度也有幫助。夏洛特斯維神經學與睡眠醫學診療中心（Charlottesville Neurology and Sleep Medicine）主任克里斯．溫特（Chris Winter）表示，華氏六十五度（譯注：約攝氏十八度）是睡眠的理想溫度，因為「涼爽的環境可以提升睡眠品質。」[22]專家認為，涼爽氣溫可以調節人體的生理時鐘，而生理時鐘會在我們睡覺時調降體溫，並在早晨來臨時調高體溫。有些專家認為，理想的睡眠環境應該在華氏六十度至六十七度（譯注：約攝氏十五點五至十九點五度）之間，但一切都看個人。

打開電扇或助眠噪音機。有五％的美國人會在睡覺時使用「助眠噪音機」或「睡眠機」。[23]這個比例在我們看來有點低。風扇產生的白噪音可以阻擋外界的噪音，幫助我們入睡並持續好眠。我（麥可）大學時期就會開著風扇睡覺，且持續至今；我（梅根）不只會開電扇睡覺，還會開兩台白噪音助眠機！只要能睡的好，開幾台都不會太超過。

• 培養好眠體質

晚上不攝取咖啡因。咖啡因是中樞神經興奮劑，會影響夜晚的作息。我（麥可）年輕的時候，任何時段都可以喝咖啡，甚至晚餐後也會喝，完全不影響睡眠。但現在就不行了，我下午四點之後就不能喝咖啡，不然我會醒到凌晨兩點。每個人的狀況都不一樣。如果你很愛喝能量飲料，要記得有些一罐咖啡因就超過三百毫克，是一杯咖啡的三倍。

移除讓你心情不好的消息來源，尤其如果你天生容易焦慮，那更要如此。我（麥可）在湯馬士尼爾森出版社當執行長時，母公司是紐約一間私募股權公司。當時正值經濟不景氣，所以我知道如果晚上七點有來自紐約的電話，那應該是出了什麼問題，他們想討論。這樣的電話我後來就不接了，因為我會整晚想著他們討論的問題，沒有辦法補充明天所需的睡眠。對各位讀者而言就可能是不看新聞或社群媒體。

聽聽輕鬆的音樂。這不是每個人都適用，但我（麥可）每天晚上睡覺前都會聽一模一樣的音樂，讓這個音樂成為一種聽覺提示，告訴我的潛意識和身體說：「睡覺時間到囉。」雖然我很喜歡經典搖滾樂，但我建議選一些比較平靜的音樂來聽。沒有人聲的音樂是最好，可以是舒緩的古典樂、鋼琴音樂、或弦樂。蓋兒和我這十年來，每晚都聽一樣的那四、五首歌。我通常第二首聽一半就會睡著了。有這樣明確的睡眠儀式對睡覺很有幫助。

洗個溫暖的熱水澡。想提升睡眠品質，洗澡是無須用藥的方法中最好的一個，有非常多新研究證實這點。洗澡放鬆身心，是我（梅根）夜晚習慣中最重要的一環。有十七項研究發現：「睡前洗澡十分鐘，水溫約落在華氏一百零四度（譯注：約攝氏四十度），與睡眠品質提升有顯著相關，也可增加整體睡眠的時間。」[24]我在浴缸不會待超過十五分鐘，但洗完感受卻大不相同。至於理想的洗澡時間，則是在睡前一到兩個小時。[25]

和伴侶一起禱告。這可能不適用於每一位讀者，但這是我們睡前儀式的其中一環，對睡眠很有幫助。蓋兒和我（麥可）每晚躺在床上時都會祈禱，喬爾和我（梅根）也會。我們祈禱對我們重要的事、我們關注的事、或我們對未來的期盼。

•慎用睡眠監測裝置

關於睡眠監測裝置，我們想給個建議。提供睡眠監測功能的裝置，如蘋果手錶（Apple Watch）、Fitbit智慧手錶、Jawbone Up智慧手環、Nike的Fuel Band體適能手環等商品，都宣稱可以提升睡眠品質與時間。理論上來說，裝置數據會提供一個「睡眠數值」和提升睡眠品質的建議。但是，有越來越多研究開始質疑，使用穿戴式睡眠監測裝置是否真能提升睡眠品質。

《臨床睡眠醫學雜誌》（*Journal of Clinical Sleep Medicine*）刊登的一項研究發現，睡眠監測裝置對使用者造成的傷害可能比幫助還多，因為這些裝置會強化「一些病人的睡眠焦慮與完美主義」。[26]這種渴望尋求完美睡眠的症狀稱為「完美睡眠主義症」（orthosomnia）。

假設你是那種在職場上很重視數字表現的主管，你會一直盯著報告數字，還會不斷關切要怎麼擊敗上一季的數字。這並沒有錯，但問題是，如果你因為想提升睡眠品質，而執著於想提高睡眠數值的話，反而會讓你的壓力值上升，變的更難好好睡。[27]而大多數的睡眠監測裝置，其實根本就沒那麼準確。[28]

•準時上床

想睡好，就要遵守準時上床的原則。對於這點，我們還在努力，但我們必須要對自己嚴格一點。成

塑造你的一夜好眠

- 營造舒適的睡眠環境
- 慎用睡眠監測裝置
- 培養好眠體質
- 準時上床

功人士總是還想再多做一件事，就算只是再多看一集喜歡的節目，也還是想多做一點。

我們一定要抵抗慾望。如果不留意，我們就會想著：「再看完這一篇部落格就好」「把這些訊息回完就好」。我們要劃下清楚的界限，對自己說：「聽著，我要準時上床睡覺，因為明天也很重要。明天，我的效率會是今天的兩倍，所以與其拖著不睡，我不如現在就得到我需要的休息。」

花更少時間做更多事沒什麼不對，但如果我們不好好睡覺，生產力可能會降低，甚至危及健康。所以，我們不該把休息或睡覺想成自我放縱，而是把休息和睡眠視為一種自我成長的方式，和創造意義與效率兼備的工作與生活中，不可或缺的基石。

第 8 章

不再信仰過勞，拾回雙贏人生

有時候，我們好像這一生都在全速奔跑，衝向終點線，對於生活只是蜻蜓點水，從未認真深潛。

——塔拉．布萊克

（Tara Brach，美國臨床心理學家、禪修老師、在家居士）[1]

多年前，蓋兒和我（麥可）到夏威夷茂宜島（Maui）慶祝結婚紀念日。我們在第二天上了浮潛課，從游泳池開始，再進階到飯店旁邊的珊瑚礁海域。我們愛上了浮潛，感覺就像是在巨大的水族館中游泳。當天稍晚，我們租了一些浮潛裝備，決定要自己展開浮潛冒險，做為我們新發掘的一個可以一起做的運動。

隔天早上，我們到了海灘。海灘上一個人影也沒有，就像電影《藍色珊瑚礁》（*The Blue Lagoon*）的場景一樣，風平浪靜、美的令人摒息。我們等不及要下水浮潛了。我們進入珊瑚礁海域，臉往下浸入海面，沉浸在水面幾呎下的海洋世界。我們看到色彩鮮豔的魚、隨海流輕柔搖擺的海洋植物、當然還有生氣勃勃的珊瑚礁。真的大開眼界。

過了一陣子，我決定把頭浮上水面看看，接著我倒抽了一口氣。海流將我們推離岸邊，海岸線現在看起來非常遙遠。我們的飯店（還有所有海岸線上的飯店）現在看來都像玩具一樣小。我馬上大喊蓋兒，還好她就在我旁邊幾呎而已。她也浮上來，看到我們所在的處境之後慌了，她驚慌的看著我說：「我的天啊！現在該怎麼辦？」

還好，我們有帶著浮板，這原本是為了擺放我們從海底找到的貝殼和其他物品。而此時，浮板成為了我們的救命浮木，我們抓著浮板開始死命的游（真的是死命）。游了超過一個小時，終於接近岸邊。最後，我們在水淺的地方站起，費力走向海灘，直接倒在沙子上，兩個人都筋疲力盡。

我們意識到自己離災難有多近。這並不是我們早上傻傻滑進水中時預料的結果。你可能會說這是因為海流的關係，所以最後漂向並非我們所選或想要的地方。更糟糕的事是，我們還迷失了。若不是我們抵抗海流，游往跟海流相反的方向，我們可能會陷入更危險的局面。

今日成功人士在職場也一樣是這種漂浮的狀態，過勞崇拜就如威力強大的海流，如果你不留意，它就會將你帶離岸邊；即使知道它威力有多大，我們也可能還是會向它低頭。但現在有了五大原則可以解決問題，還有雙贏練習讓你執行這些原則，要抵抗這道海流應該會比較容易。

過勞崇拜總是說：

- 工作是生活重心；
- 有限制，就沒有創造力；
- 工作與生活平衡是一種迷思；
- 我們應該不停忙碌；
- 休息分掉了工作時間。

但現在我們知道：

- 工作只是其中一個生活重心，你可以自己定義你的職場贏家和生活勝利組是什麼樣子；
- 有限制，就能提高生產力、刺激創造力、讓我們更自由，你可以為自己的工作日設限；

- 工作和生活平衡並非迷思，你可以把真正重要的事和人都先框在行事曆上；
- 無所事事其實充滿威力，你可以從事非工作的活動，讓自己保持好心情和滿滿活力；
- 休息是高效率、有意義工作的基礎，你可以用一夜好眠開啟新的一天。

換句話說，你現在知道雙贏是種可能。你真的可以同時成為職場贏家和生活勝利組。我們已經探索過雙贏的方法，但現在，讓我們用這最後一章來探討的更深一點。我們會先看個人可以怎麼做，再來拓展到身為領導者時，我們可以怎麼做。

個人的雙贏指南

我（梅根）罹患克隆氏症那段期間，做了兩場手術，很常跑醫院。當時的感覺就像每一次只要我轉頭，就會看到有護士把針頭戳進我的手臂裡，執行注射靜脈或抽血。我真的恨死這一切。

這時候，我的好朋友兼人生導師出現了，她自己也曾經歷過健康出問題的艱難時刻。她告訴我有一種針叫做蝴蝶針，比一般針頭小，也比較不會痛。我說，我覺得跟他們問這個很蠢，她反駁說：「你應該讓自己越舒服越好，梅根，受苦並不會有幫助。」

安・拉莫特（Ann Lamott）在《寫作課：一隻鳥接著一隻鳥寫就對了！》（*Bird by Bird*）中，提到要「積極站在自己這邊」。[2]我一直把拉莫特的這句建議和朋友的忠告放在一起。站在自己這邊。如果情況比平常還棘手，那就想辦法讓它變簡單，做的時候也無需為此感到抱歉。

我們有時會陷入一種「職場的斯德哥爾摩症候群」（corporate Stockholm Syndrome），幫公司或朋友圈的過度工作文化說話或找藉口。[3]我們要停止這種跟自己對立的行為。要怎麼做呢？如果是個人的話，以下有三種必做策略：

個人的雙贏指南

- 知道自己要什麼
- 跟他人溝通自己想要的
- 把生活過成想要的樣子

• 知道自己要什麼

上面提到的海流，使得我們常常沒有意識到過勞崇拜下的過度工作是什麼，或它讓我們付出的代價是什麼。大多數人對過度工作可能都習以為常，至少一旦習慣這種懲罰之後就是如此。過度工作就像是我們泅泳其中的水，像是帶我們漂向未來的海流。

如果想達到雙贏，就得開始划水，抵抗海流。**第一步就是弄清楚雙贏對你來說是什麼**。擁有成功的專業職涯，對你而言是什麼樣子？有健康活躍的私人、家庭、社交生活，會是什麼樣子？想想對你來說不可妥協的重要任務是什麼。對你來說，適當或甚至理想的自我照顧是什麼？你的重要人際關係是什麼？你已經擁有想要的友誼了嗎？你跟伴侶的關係，是你想要的嗎？那孩子跟親人呢？工作上你想負責什麼？每天想要花多少時間在工作上？

在生活每一個面向都是贏家，對你來說是什麼樣子？想知道自己要什麼，讓願望有一點雛型，你可以訂一個生活計畫並定出年度目標。我（麥可）在《把想要的人生找回來》（*Living Forward*，與丹尼爾·哈克維合著）和《最棒的一年》（*Your Best Year Ever*）中，都有討論到如何制訂計畫。重點是，一切都從你的期待出發，才會有進步，就會越做越清楚。不用一開始就完全清楚自己想要什麼，這是朝著目標前進時，會越來越明確的事，但一定要知道自己想要什麼。

• 跟他人溝通自己想要的

除非你對自己的時間和金錢有特別多的掌控權，不然對於如何使用時間和金錢，你應該會需要對其他人負責，這些人可能是你的伴侶或商業夥伴、董事會或老闆、客戶或團隊、也可能是顧客或廠商。我們的人生都是相連在一起的。夥伴、老闆、客戶等都有自己的立場。要得到我們想要的，代表要和他人溝通合作。

但溝通和合作發生的頻率卻一點也不高。在一項高強度工作應對策略的研究中，四三％的員工對過度工作逆來順受，二七％假裝自己可以適應加班文化，只有三〇％願意起身行動，做出改變，讓工作、生活、其他需求能互相配合。[4]當然，這麼做也有風險，包括主管可能不支持因而拒絕你、逆來順受的同事打槍你，甚至可以升遷的機會也變比較少。

對自認喜歡討好他人或慣於逃避衝突的人來說，要做這件事會特別困難。我們懂，但喜歡討好別人的人，至少要先想到討好自己，畢竟自己也是人；而如果是想要避免衝突的人，我們也要意識到，如果任何讓工作與生活失去平衡的要求，我們都概括承受的話，只會迎來更多不必要的內心衝突。

劃定新的界限、把舊的約定重新拿出來檢討、重新定義現有的關係，這些從來都不是容易的事，但如果我們想要創造雙贏，這些都是必要之舉。我們已經看到有專業人士這樣做而且成功的例子，如第五章重新安排工時的寶僑行銷經理、說服主管下班時間不要吵他、讓他業績持續達標的客戶羅伊。做到這些是有可能的，如果最後失敗了，那就再找一份更適合自己的工作吧。

• 把生活過成想要的樣子

在我（麥可）的另一本書《想專心就專心》中，我提到了「渴望區」（Desire Zone）的概念，就是你最有熱忱也最精通的專業領域。概念很簡單：如果這個領域是你最熟練也最喜愛的，那工作就會變成一種最享受的體驗。

我們訓練客戶時，都會鼓勵他們找方法，把不在渴望區範圍內的工作移除、自動化或外包出去。這並不是每一次都能成功，但你對自己的時間和金錢有越多掌控權，就越能讓工作符合興趣和專業能力。有時候客戶會有點抗拒，但經過幾分鐘排除疑慮與問題後，我們就能幫助他們找到方法，把工作中不想做的部分排除。這樣的好處是，客戶可以在工作中體驗到更大的樂趣與滿足。

這個方法也適用工作之外的領域。我們要意識到很重要的一點，持家也是一份全職工作。即使沒有孩子的人也可以證實，持家就是會有一堆事情做不完。

雙薪家庭如果想維持合理的工作與生活平衡，就要選擇自行操持並分攤家務，或想辦法移除、自動化或外包某些家事。後院管理、採買生鮮雜貨、洗衣、煮飯、清潔、居家修繕，還有好多事情都是可以外包的，甚至預算有限的情況下也沒問題。這個作法也適用單身的人，尤其單親家長更是適用。

所以怎樣可以讓你比較輕鬆呢？以現有預算出發，你可以找到能幫你負擔部分甚至所有家務的公司或人。在移除、自動化或外包時，要認真思考。嚴格來說，你買不到時間，但總會有人或公司很願意跟你談場交易。

問問自己，哪一個對你的生活更有意義：採買雜貨還是小睡一會兒？摺衣服還是跟孩子騎單車？晚上是要和伴侶來場約會，還是打掃週末來不及清理的家裡？工作之外，你的熱情和能力最能在哪裡發揮？那就是你該在非上班時間投入心力的所在。

領導者的雙贏策略

我們講到雙贏策略時，主管（或領導者）都會變的很激動。他們通常就活在我們看到的那些可怕數據中，同時也深受過勞崇拜之苦，程度更甚他人。所以我們說職場贏家和人生勝利組可以兼得時，他們都興奮到不行，像是溺水的人看到救生圈一樣。焦頭爛額的人通常都看不到他人的困境，有時領導者也會發生這種狀況，但一旦他們開始脫離過勞崇拜，就會覺得自己有義務要解放自己的團隊。

比如說，我們知道好好休息過的員工表現會更好，而工作和私人生活是不可能完全分開的。如果個人生活因為過度工作而受到損害，那我們的工作遲早會受到影響。最糟糕的是，工作倦怠會讓人變的憤世嫉俗。由於生產力變差，過度工作的員工並沒有因為犧牲自己而產出實質成績，反而只是沉浮在運作失調的工作環境裡而已。這種災難現在還沒發生的話，也是遲早會發生。工作倦怠不只會影響員工的工作狀況和私人生活，還會滋生出憤世嫉俗的情緒，弄壞辦公室氣氛，搞砸和客戶的關係。如果員工覺得成功就是一種零和遊戲，贏家就是公司，自己只有輸的份，他們就很容易像被感染一般，在公司裡外開始散播病毒。

要避免這種問題，最有用的方法就是讓團隊自己也體驗到雙贏的感覺，而這永遠都要從主管開始，因為主管不只要自己身體力行示範雙贏，還要在公司裡、甚至公司外的場域，都將雙贏策略運行的游刃有餘；但同時，他們也是唯一能夠改變公司結構和政策問題的一方。要在你的公司裡創造雙贏文化有很多種方法，但我們想推薦五個就好：

• 身體力行，示範雙贏

負責跟你報告的人和跟你共事的人，都會無意識的開始模仿你。仿效（emulation）大部分都無意識也無可避免，尤其是跟領導者相處的時候，大家就是不自覺會模仿起來。

身為領導者，你也無法阻止他人模仿你，所以你要樹立好榜樣。如果你一週工作七十小時，身邊的人就會覺得他們一定也要工作七十小時，才能讓你滿意。你設定了標準，他們就會無意識的相信那就是他們要跟進的標準。

問題是，他們大多數都無法跟上，最後會有什麼後果，你就得負責。如果你的婚姻可以承受後果，那很好。但如果他們的婚姻沒辦法呢？如果他們離婚、小孩走歪、或健康亮紅燈呢？你身為領導者，卻沒有發揮影響力，對他人產生正面的影響，你願意為此負責嗎？我個人是不願意，至少再也不願意了。

現在你的首要之務，是想要在他人身上看見什麼行為，就先身體力行：

領導者的雙贏指南

- 身體力行，示範雙贏
- 為員工彙整重點
- 給團隊更多自主權
- 限制工作日和每週工時
- 按照公司願景分配資源

- 將焦點放在多個地方，而非短視的只投入工作；
- 限制每日與每週工作的時間，創意會隨之而來；
- 工作和生活取得平衡，刻意在工作之外，安排無所事事和恢復疲憊身心的消遣時間；
- 好好睡覺，晚上十一點後不處理電子郵件。

•為員工彙整重點

我們在第四章有提到，現代工作要求每個人某種程度上都要精益求精，這代表員工需要花很多的腦力與心力在工作上。如果公司缺乏願景、目標、先行策略、達成重要里程碑的程序，或是高層不願向員工透露這些內容時，員工更會顯得特別吃力且難以順利工作。

要讓員工表現優秀，主管就應該為員工彙整重點，包括時常分享公司的願景與目標、討論執行策略、讓大家知道每個人的工作，在達成目標將願景現實化的過程中扮演什麼角色。公開討論工作進度非常重要，包括任何時候公司各方面的財務狀況。以上這些都能減少員工幫自己增加工作量，因為你把工作目標講的非常清楚。

‧給團隊更多自主權

只要團隊了解公司願景、目標、策略，就沒有理由再控制他們了。工作的範圍或場所，都盡量給他們自主權。「員工對自己工作的時間、地點、方式有更多掌握時，」艾琳‧凱利（Erin Kelly）和費理斯‧摩恩（Phyllis Moen）教授表示：「他們的壓力會比較小，也反映健康狀況更好、工作上更投入、也更努力工作。」[5]

比如說，在麥可‧海亞特公司，我們的工作模式是實體與線上各半。我們有辦公室，但員工不需要進辦公室上班。我們提供無限量的有薪假，也會跟部門主管確認其團隊每年都有休到足夠的假。目前沒有一個員工濫用過這樣的福利。

‧限制工作日和每週工時

如果你僱用的是表現優異的員工，那你唯一可能會有的問題，是他們自願超時工作。而身為主管，你應該盡可能限制他們加班的程度，第一步就從限制工作日開始。

第二章提過，過度工作的一個原因來自於過高的期待，包括自己、老闆、客戶的期待。除了明確指示要工作一整天之外，沒有什麼期待比哈佛商學院教授萊斯莉‧佩羅（Leslie Perlow）所稱的「回應循環」（the cycle of responsiveness）更有反效果了。[6]「回應循環」從在非上班時間的合理要求開始。好心的員工處理了這些要求，這表示下次他們也很可能會再度接手。「一旦同事接收到這種漸漸增加的回應，其他人發出的要求就會越來越多，」佩羅說：「多數人會覺得都已經加班了，就再接受額外的要求吧，不管急不急都接。不這樣的人，就可能被視為不夠投入工作……大多數人甚至沒有注意到，自己的工時其實已經是二十四小時全天無休了。」

主管可以透過正式限制工作日與每週工時，來打破這樣的循環。在麥可・海亞特公司，我們不允許員工在工作日尾聲或週末回覆工作訊息或電子郵件。同時，我們也積極鼓勵大家不要在這些時段傳工作訊息。如果有緊急狀況，我們還是會傳訊息，但這種情況很少發生。

這表示只要工作時間結束，我們的團隊就完全不用心繫工作，因為這段時間就是不會有工作。我們需要保持彈性，因為偶爾要處理趕時間的計畫或其他緊急事務，但限制工作日可以確保公司文化和政策都積極遏止過度工作行為。

別忘了還有限制工作日的問題。現在有很多公司都在嘗試減少工時，也因為得到正向結果而繼續測試。我們在第四章有提到，麥可・海亞特公司一天工作六小時。有些公司則嘗試一週工作四天。不斷有證據證明，這些實驗的結果都十分成功。[7]

• 按照公司願景分配資源

如果你的願景、目標、策略會要你持續將手伸進員工的時間，那一定有什麼地方出錯了。其實，這邊所指的願景，就是資源分配。偶爾有額外要求很正常，但就如佩羅的「回應循環」所示，額外要求很容易成為正常工作的一部分，但如此一來問題就大了。

工作與生活平衡並非迷思，但有時候，工作量和工作上的期待會完全超出合理範圍，讓工作與生活平衡變成不可能。成功人士的願景總是會比擁有的資源還大。有效率的領導者和工頭之間的差異，就在於擁有足夠的智慧，知道對員工的要求可以到哪裡，且有足夠的賞識能力，在需要時給予資源並投資員工。員工的生活不是信用卡，不能拿來成就你雄心壯志的大計畫。

同時成為「職場贏家」和「生活勝利組」

不管你是小職員或主管，你的未來在某種程度上都有賴於你現在做出的決定。要讓夢想的未來成真，沒有比今天、比現在更好的時機了。如果你等到下個月、下一季、或下一年才開始行動，難度只會更高。

不管你現在所處的現實讓你有多沮喪，你都不是受害者。你並不是注定要在忙碌謬誤和野心煞車之間做出不可能的抉擇。你還有第三個選項。自己的未來，自己掌握，你可以選擇投入更多心力在被忽略或需要更多關注的生活面向中。現在就是最佳時機，想清楚你想成為什麼樣子，並一步一步，走向雙贏人生吧。

我們人類很幸運，可以決定自己要為世人留下什麼，可以決定自己想怎麼被他人記得。但這並不是單一個決定，而是一系列決定組成。把自己的處境怪給環境或其他人，只會讓我們成為受害者，即使事情有一部分或完全是他人的責任也一樣。這樣的想法會剝奪我們的自由，讓我們困在原地。做出改變，掌握自己的人生，永遠不嫌晚。

身為成功人士，你在工作上是否經常喘不過氣？你是不是超恨自己的工作，完全無法享受週末時光，因為整天都有手機在響的幻覺？你是不是個選擇不斷加班而忽略家庭的工作狂？你是否身材走樣或健康亮紅燈，因為沒有把照顧身體放在第一優先？你是否缺乏有意義的深厚友誼？你的孩子是否跟你很不熟？你的伴侶是否正在考慮跟你離婚？

不管你在哪一個問句中看到了自己，你都不需要困在現在的處境中。**我們不是每次都能選擇會有什麼事發生，但我們永遠都可以選擇如何回應**。第一步，就是承認自己所處的狀態存在，並為導致這種狀況的選擇負責。只有這樣，你才能夠開始創造、體驗、並享受新的未來。

努力達成雙贏，改變就有可能發生，下面是一個很好的例子。蓋兒和我（麥可）現在每個夏天都會放三十天的假，我們稱之為「年度公休」，這段期間完全不處理公事。跟孩子還小的那時候不一樣，現在我不看電子郵件，也不接電話，我決定要全心全意活在當下。

放假充電活在每個當下
——我（麥可）的雙贏故事

就在這個夏天，我們到懷俄明州（Wyoming）的傑克遜市（Jackson）度假幾週，在那裡遠足、飛蠅釣、呼吸新鮮的山林芬多精、睡了好幾次的午覺。這場旅行讓我們身心得到極大的修復。旅程的最後一晚，蓋兒跟我說：「我明天想起床看日出。」我們這幾週都睡的很晚，所以晨光破曉閃耀天邊一角的畫面，一次也沒看過。

我說：「那我們幾點要起床？」

蓋兒微笑回答：「四點起床應該來的及。」

你在跟我開玩笑吧，我心想。但我還是很可靠的說：「沒問題，甜心，就四點。」隔天早上，我真的很想按下貪睡，但如果我按了，我就會錯失一段不可多得的美好體驗。所以我們把很濃的咖啡灌下肚，便開車到珍妮湖（Jenny Lake），搭了渡輪到西碼頭，接著爬到「靈感點」（Inspriation Point，編按：指刺激或喚醒心靈、情緒等的觀景點）。

我們抵達山頂，在石頭上坐下，對珍妮湖的絕佳美景讚歎不已。澄淨如玻璃的淺藍湖水就像畫布，如鏡子般反射清晨陽光。站在這座由冰川切割而成的湖邊看出去，可以看到傑克森霍爾市（Jackson Hole）全景。我們所在的制高點可以看到大主教群峰（Cathedral Group），集結三座超過一萬兩千英尺（約三千六百五十七公尺）的山峰，包括提維諾特峰（Teewinot）、歐文峰（Mount Owen）、大提頓峰（Grand Teton），雄偉群峰將珍妮湖包圍。

幾分鐘的沉靜後，蓋兒轉向我說：「寶貝，真的很謝謝你讓這一切成真。謝謝你這麼早起床。」她牽起我的手繼續說：「最重要的是，謝謝你把我放在第一優先，我感覺到被愛，也很感恩你和上帝讓我們有機會今天來到這裡。」

跟我一開始在本書分享的對話來比，這次的對話真的天差地遠。讀者可以回想一下，二十年前，蓋兒聲淚俱下告訴我，她覺得生活毫無希望，她感覺喘不過氣，覺得自己像單親媽媽。我們成長了很多。再次強調，我們的生活並不完美，但已經大幅進步許多，因為我們下定決心要離開工作的跑步機，走向通往雙贏的路。

邁向事業與生活的共榮未來

有鑑於此，我們想請你想像另一種生活。想像力乾涸，就是過勞崇拜興起之時。當我們想像雙贏，雙贏就可以進入我們的視野，所以請你想像有一天，你的事業飛黃騰達，但工時並沒有增加，反而變少了。你可以想像嗎？那會是什麼感覺呢？

想像有一天，你可以把事業放著，整整一個月完全放鬆，同時有信心公司業務不會荒廢。那會是什麼感覺？肩上的壓力是不是開始放輕了一點？

現在，請想像有一天，你成為了職場贏家兼生活勝利組，在夢想的專業領域裡叱吒風雲，同時享受著理想人生。請記得，要到達目的地，不能只是隨波逐流，僅僅有良好的意圖是不夠的，你必須要規劃好航向。此外，你還需要做出決定，以便朝著你期望的結果邁進。

就從這裡開始吧，跟工作跑步機上的焦頭爛額說再見！何不就從今天起，改變事業和生活的走向？別按下貪睡鍵拖延，現在就開始，邁向職場贏家和生活勝利組的道路吧。我們可以證明，這裡的風景美不勝收。

致謝

英國哲學家瑪麗・米雷（Mary Midgley）曾說過，寫一本書「就像一隻螞蟻要過馬路」，無論你有多少次過馬路的經驗，每一次過都還是艱深困難。在這之中我們學到，只有他人幫忙，我們才能成功，一路上的所有人都值得我們說聲感謝。

這本書是我（麥可）和妻子蓋兒一起發想的，所以用她開啟這場謝辭再適合不過。四十多年來，蓋兒一直都很鼓勵我、支持我。沒有她，我沒有辦法做到這些。

我（梅根）也可以對丈夫喬爾說同樣的話。生活需要兩人共同努力，而我無法想像沒有他，我要怎麼做到。

我們都無法想像沒有喬爾，要怎麼寫這本書。他真的天賦異稟，對我們這對父女的想法照單全收，並讓這些想法發揮百分之百的潛力。沒有他專業的指導，這本書不會是現在的樣子。

我們很感謝鮑伯・迪摩斯（Bob DeMoss）的努力，他協助我們形塑書稿雛型，也採訪我們的幾位在「事業加速器」（BusinessAccelerator®）所訓練的客戶。在此也感謝我們的客戶——蒂芬妮・貝利（Tiffany Bailry）、羅伊・巴貝里（Roy Barberi）、保羅・比斯帕姆（Paul Bispham）、凱爾・庫爾布羅斯（Kyle Coolbroth）、譚雅・迪薩爾沃（Tanya DiSalvo）、塔瑪拉・莫斯利（Tamara Mosley）、克里斯・尼邁耶（Chris NieMeyer）、愛米・懷恩（Amy Wine）——感謝你們慷慨分享自己的故事。我們「事業加速器」的每一位客戶，都值得在這裡為他們歡呼，我們一起走過來了。

這點對我們麥可海亞特公司的團隊也是如此：寇特妮・貝克（Courtney Baker）、薇琪・比爾曼（Vickie Bierman）邁克・韋伯斯・博耶（Mike "Verbs" Boyer）、蘇珊・考德威爾（Susan Caldwell）、查德・坎農（Chad Cannon）、奧拉・科爾（Ora Corr）、阿萊西亞・庫里（Aleshia Curry）、米歇爾・庫沙特（Michele Cushatt）、特雷・杜納萬特（Trey Dunavant）、安娜・愛德華茲（Anna Edwards）、安德魯・福克爾（Andrew Fockel）、娜塔莉・福克爾（Natalie Fockel）、愛米・福奇（Amy Fucci）、梅根・格里爾（Megan Greer）、傑米・赫斯（Jamie Hess）、布倫特・海伊（Brent High）、亞當・希爾（Adam Hill）、瑪麗莎・海亞特（Marissa Hyatt）、吉姆・凱利（Jim Kelly）、伊麗莎白・林區（Elizabeth Lynch）、莎拉・麥考爾羅伊（Sarah McElroy）、蕾妮・墨菲（Renee Murphy）、愛琳・佩里（Erin Perry）、強尼・普爾（Johnny Poole）、查拉・普萊斯（Charae Price）、泰莎・羅伯特（Tessa Robert）、丹妮爾・羅傑斯（Danielle Rodgers）、戴德拉・羅梅羅（Deidra Romero）、凱薩琳・羅利（Katherine Rowley）、尼爾・薩穆德雷（Neal Samudre）、賈羅德・索薩（Jarrod Souza）、布蕾克・斯特拉頓（Blake Stratton）、埃米・坦克（Emi Tanke）、麗蓓嘉・特納（Rebecca Turner）、漢娜・威廉姆

森（Hannah Williamson）、勞倫斯．威爾遜（Lawrence Wilson）、凱爾．懷利（Kyle Wyley）和戴夫．揚科維亞克（Dave Yankowiak）。

非常感謝我們的出版團隊：活力溝通經紀公司（Alive Communications）的布萊恩．諾曼（Bryan Norman），他是我們的經紀人也是好友；以及貝克出版集團（Baker Publishing Group）的每一位同仁：德懷特．貝克（Dwight Baker）、布萊恩．沃斯（Brian Vos）、馬克．萊斯（Mark Rice）、帕蒂．布林克斯（Patti Brinks）和巴布．巴恩斯（Barb Barnes，應該是業內最有耐心的編輯）。

我們還要提到引領我們的幾個人，先從我們的企業教練開始：丹尼爾．哈卡維（Daniel Harkavy）、丹．梅布（Dan Meub）、伊琳．穆塞斯（Ilene Muething）和丹．蘇利文（Dan Sullivan）。除此之外，我們從無數作家、思想家、朋友等人身上獲益良多：史蒂芬．柯維（Stephen Covey）、伊恩．克隆（Ian Cron）、傑森．弗瑞德（Jason Fried）、查琳．詹森（Chalene Johnson）、派翠克．倫喬尼（Patrick Lencioni）、吉姆．洛爾（Jim Loehr）、約翰．麥克斯威爾（John Maxwell）、斯圖．麥克賴瑞（Stu McLaren）、布萊恩和夏儂．邁爾斯（Bryan and Shannon Miles）、丹．米勒（Dan Miller）、卡爾．紐波特（Cal Newport）、亞歷克斯．淑真-金．彭（Alex Soojung-Kim Pang）、布里姬．舒爾特（Brigid Schulte）、東尼．史瓦茲（Tony Schwartz）、安迪．史丹利（Andy Stanley）等。

如果過馬路這麼難，為什麼還要做？寫這本書主要的動力，跟當初實行雙贏策略的動力一樣，就是為了我們的家庭。

對我（麥可）來說，是蓋兒和女兒們：梅根、明蒂（Mindy）、瑪麗（Mary）、瑪德琳（Madeline）、瑪麗莎（Marissa）。

對我（梅根）來說，是喬爾和菲昂（Fionn）、費利西蒂（Felicity）、摩西（Moses）、喬納（Jonah）、娜歐蜜（Naomi）。

再來是我們的團隊、客戶和讀者。我們希望各位讀者也都能實現雙贏。期待這本書能幫助你邁向雙贏之路。

註釋

第一章

1. 羅許沃思・基德（Rushworth M. Kidder），《好人如何做出艱難抉擇》（*How Good People Make Tough Choices*），New York: Harper, 2009。
2. 安・伯奈特（Ann Burnett），轉引自布里姬・舒爾特（Brigid Schulte），《焦頭爛額》（*Overwhelmed*，New York: Picador，2015。
3. 安迪・史丹利（Andy Stanley），《道路的原則》（*The Principle of the Path*），Nashville: Thomas Nelson，2008。
4. 米莉雅・米連科維奇（Milja Milenkovic），〈42個令人擔憂的職場壓力統計數據〉（"42 Worrying Workplace Stress Statistics"），美國壓力協會（American Institute of Stress），September 23, 2019，https://www.stress.org/42-worrying-workplace-stress-statistics。
5. 派翠克・J・謝勒特（Patrick J. Sherrett），〈別讓腦袋過度工作〉（"Don't Overwork Your Brain"），《哈佛商業評論》（*Harvard Business Review*）, October 27, 2009, https://hbr.org/2009/10/dont-overwork-your-brain.
6. 約翰・羅斯（John Ross），〈只有超時工作的人會英年早逝〉（"Only the Overworked Die Young"），Harvard Health Publishing，December 14, 2015，https://www.health.harvard.edu/blog/only-the-overworked-die-young-201512148815。
7. 〈職場壓力持續增加〉（"Workplace Stress Continues to Mount"），科恩・費瑞（Korn Ferry），n.d.，https:// www.kornferry.com/insights/articles/workplace-stress-motivation。
8. 梅格・卡達烏・赫許柏（Meg Cadaoux Hirshber）,〈為何這麼多企業家都離婚了〉（"Why So Many Entrepreneurs Get Divorced"），Inc., November 1, 2010, https://www.inc.com/magazine/201011 01/why-so-many-entrepreneurs-get-divorced.html。希爾維亞・史密斯（Sylvia Smith），〈企業家離婚率很嚇人〉（"Should Entrepreneur Divorce Rate Scare You"），Marriage.com, September 12, 2017, https://www.marriage.com/blog/marriage-and-entrepreneurs/should-entrepreneur-divorce-rate-scare-you。奇拉格・庫爾卡尼（Chirag Kulkarni），〈企業家最難保住的工作就是維持婚姻〉（"The Toughest Job an Entrepreneur Has Is to Keep Their Marriage Together"），HuffPost.com, September 13, 2017, https://www.huffpost.com/entry/the-toughest-job-an-entrepreneur-has-is-to-keep-their_b_59b97a37e4b02c642e4a1352.。
9. 珍妮・薩哈迪（Jeanne Sahadi），〈當上執行長可能會毀了婚姻‥預防指南〉（"Being CEO Can Kill a Marriage. Here's How to Prevent That"），*CNN Business*, July 25, 2018, https://www.cnn.com/2018/09/30/success/ceo-marriage/index.html。

10. 艾瑪・賽帕拉（Emma Seppala）和朱利亞・莫伊勒（Julia Moeller），〈五分之一的員工賣力工作，工作倦怠風險高〉（"1 in 5 Employees Is Highly Engaged and At Risk of Burnout"），Harvard Business Review, February 2, 2018, https://hbr.org/2018/02/1-in-5-highly-engaged-employees-is-at-risk-of-burnout。
11. 羅恩・卡魯奇（Ron Carucci），〈壓力會讓你做出錯誤的決定：預防指南〉（"Stress Leads to Bad Decisions. Here's How to Avoid Them"），*Harvard Business Review*, August 29, 2017, https://hbr.org/2017/08/stress-leads-to-bad-decisions-heres-how-to-avoid-them。
12. 布萊恩・卡普蘭（Bryan Caplan），〈思考陷阱〉（"The Idea Trap"），EconLog, November 1, 2004, https://www.econlib.org/library/Columns/y2004/Caplanidea.html。
13. 卡普蘭（Caplan），〈思考陷阱〉（"The Idea Trap"）。

第二章

1. 轉引自米哈里・契克森米哈伊（Mihaly Csikszentmihalyi），《心流》（*Flow*），New York: Harper, 1991。
2. 丹尼爾・麥可葛林（Daniel McGinn）與沙拉・希金斯（Sarah Higgins），〈執行長的行事曆管理之道〉（"One CEO's Approach to Managing His Calendar"），*Harvard Business Review*, July 2018, https://hbr.org/2018/07/one-ceos-approach-to-managing-his-calendar。
3. 尹子英（Yoon Ja-young），〈智慧型手機讓人每週多上班十一小時〉（"Smartphones Leading to 11 Hours' Extra Work a Week"），*Korean Times*, September 2016, http://www.koreatimes.co.kr/www/news/nation/2016/09/488_207632.html。
4. 珍妮佛・J・迪爾（Jennifer J. Deal），〈永遠不斷線，永遠下不了班？〉（"Always On, Never Done?"），*Center for Creative Leadership*, 2015, https://cclinnovation.org/wp-content/uploads/2020/02/alwayson.pdf。
5. 德瑞克・湯普森（Derek Thompson），〈我們是否真的過勞了？六張圖表深入解析〉（"Are We Truly Overworked? An Investigation- in 6 Charts"），*Atlantic*, June 2013, https://www.theatlantic.com/mag azine/archive/2013/06/are-we-truly-overworked/309321。
6. 約翰・梅納德・凱因斯（John Maynard Keynes），〈我們孫輩的經濟前景〉（"Economic Possibilities for Our Grandchildren"）(1930)，in Lorenzo Pecchi and Gustavo Piga, eds., Revisiting Keynes (Cambridge: MIT Press, 2008), 23。
7. 伯特蘭・羅素（Bertrand Russell），〈讚頌無所事事〉（"In Praise of Idleness"），Harper's, October 1932, https://harpers.org/archive/1932/10/in-praise-of-idleness。另見A・J・維爾（A. J. Veal），《休閒時代到底怎麼了？》（*Whatever Happened to the Leisure Society?*），New York: Routledge, 2019, 79.
8. 轉引自維爾（Veal），《不管發生什麼事》（*Whatever Happened*）, 86。

9. 魯特格·布雷格曼（Rutger Bregman），《現實主義者的烏托邦》（*Utopia for Realists*），New York: Back Bay, 2017, 134。

10. 〈未來主義者：展望二〇〇〇年〉（"The Futurists: Looking Toward A.D. 2000"），*Time*, February 25, 1966, http://content.time.com/time/subscriber/article/0,33009,835128-1,00.html。

11. 該公司後來被湯瑪士尼爾森出版社（Thomas Nelson）收購，並納入其貿易版圖，這間公司如今叫做 W 出版（W Publishing），湯瑪士尼爾森出版社後來被哈潑柯林斯出版集團（HarperCollins）收購。

12. 萊恩·亞凡特（Ryan Avent），〈為什麼我們這麼努力工作？〉（"Why Do We Work So Hard?"），*1843*, April/May 2016, https://www.1843magazine.com/features/why-do-we-work-so-hard。

13. 萊恩·亞凡特（Ryan Avent），〈為什麼我們這麼努力工作？〉（"Why Do We Work So Hard?"）。

14. 萊恩·亞凡特（Ryan Avent），〈為什麼我們這麼努力工作？〉（"Why Do We Work So Hard?"）。

15. 艾德蒙·S·菲爾普斯（Edmund S. Phelps），〈統合主義與凱因斯〉（"Corporatism and Keynes"），in Pecchi and Piga, eds., Revisiting Keynes, 101.。

16. 艾倫·狄波頓（Alain de Botton），《工作的快樂與悲傷》（*The Pleasures and Sorrows of Work*），New York: Pantheon, 2009, 30。

17. 米哈里·契克森米哈伊（Mihaly Csikszentmihalyi），《找尋心流》（*Finding Flow*），New York: Basic Books, 1997, 30-32。

18. 米哈里·契克森米哈伊（Mihaly Csikszentmihalyi），《找尋心流》（*Finding Flow*），31。

19. 米哈里·契克森米哈伊（Mihaly Csikszentmihalyi），《找尋心流》（*Finding Flow*），49。

20. 米哈里·契克森米哈伊（Mihaly Csikszentmihalyi），《心流》（*Flow*），158。

21. 米哈里·契克森米哈伊（Mihaly Csikszentmihalyi），《心流》（*Flow*），159。

22. 契克森米哈伊的研究顯示，人在工作時間的一半會體驗到心流，而他們在休閒活動中感受到的心流只剩百分之十八，受測者覺得工作比他們自己選的休閒活動更令人想要投入，也更有挑戰性。米哈里·契克森米哈伊（Mihaly Csikszentmihalyi），《心流》（*Flow*），159。

23. 提姆·克里德（Tim Kreider），〈忙碌陷阱〉（"The 'Busy Trap'"），New York Times, June 30, 2012, https://opinionator.blogs.nytimes.com/2012/06/30/the-busy-trap。

24. 佛羅倫斯·金（Florence King），〈厭世者的角落〉（"Misanthrope's Corner"），National Review, May 2001。

25. 希爾維亞·貝萊札（Silvia Bellezza）等人，〈時間的顯性消費：當忙碌和缺乏休閒時間成為一種身分象徵〉（"Conspicuous Consumption of Time: When Busyness and Lack of Leisure Time Become a Status Symbol"），Journal of

Consumer Research 44.1, June 2017, https://academic.oup.com/jcr/article/44/1/118/2736404。

26. 安・伯奈特（Ann Burnett），轉引自布里姬・舒爾特（Brigid Schulte），《焦頭爛額》（*Overwhelmed*），44-45。

27. 傑克・威爾許（Jack Welch），轉引自喬迪・米勒（Jody Miller）與麥特・米勒（Matt Miller），〈好好生活吧！〉（"Get A Life!"），Fortune, November 28, 2005, https://archive.fortune.com/maga zines/fortune/fortune_archive/2005/11/28/8361955/index.htm。

28. 大衛・斯坦德拉（David Steindl-Rast），《重點寫作》（*Essential Writings*），ed. Clare Hallward, Mary- knoll: Orbis, 2016, 111。

29. 基蘭・賽蒂雅（Kieran Setiya），《中年哲學指南》（*Midlife：A Philosophical Guide*），Princeton: Princeton University Press, 2017, 133-38。

30. 基蘭・賽蒂雅（Kieran Setiya），《中年哲學指南》（*Midlife：A Philosophical Guide*）。

31. 大衛・肯斯登包姆（David Kenstenbaum），〈凱因斯預言我們將每週工作十五小時，為什麼他會錯的這麼離譜？〉（"Keynes Predicted We Would Be Working 15-Hour Weeks. Why Was He So Wrong?"），NPR , August 13, 2015, https://www.npr.org/2015/08/13/432122637/keynes-predicted-we-would-be-working-15-hour-weeks-why-was-he-so-wrong。

32. 伯特蘭・羅素（Bertrand Russell），〈讚頌無所事事〉（"In Praise of Idleness"）。

第三章

1. 安・瑪麗・史勞特（Anne-Marie Slaughter），《未竟事宜》（*Unfinished Business*），New York: Random House, 2016, xvii.

2. 麥可・J・科倫（Michael J. Coren），〈馬斯克的一天：馬斯克怎麼規劃工作和玩樂時間〉（"The Days and Night of Elon Musk: How He Spends His Time at Work and Play"），Quartz, June 8, 2017, https://qz.com/1000370/the-days-and-nights-of-elon-musk-how he-spends-his-time-at-work-and-play。

3. 尼爾・瓦許尼（Neer Varshney），〈馬斯克今年比其他億萬富翁致富的速度都還快〉（"Elon Musk Getting Richer Faster Than Any Other Billionaire This Year"），Benzinga.com, February 3, 2020, https://www.ben zinga.com/news/earnings/20/02/15243207/elon-musk-getting-richer-fast er-an-any-other-billionaire-this-year。

4. 伊隆・馬斯克（Elon Musk），與班比・弗朗西斯科・羅伊森（Bambi Francisco Roizen）採訪，〈馬斯克：比別人努力兩倍〉（"Elon Musk: Work Twice as Hard as Others"），Vator.TV, December 23, 2010, http:// vator.tv/news/2010-12-23-elon-musk-work-twice-as-hard-as-others。

5. 伊隆・馬斯克（Elon Musk），與班比・弗朗西斯科・羅伊森（Bambi Francisco Roizen）採訪。

6. 萊恩・納格爾豪特（Ryan Nagelhout），《馬斯克：太空中的企業家》（*Elon Musk: Space Entrepreneur*）。New York: Lucent Press, 2017, 46。
7. 艾蓮・布魯・貝克（Elien Blue Becque），〈馬斯克想死在火星上〉（"Elon Musk Wants to Die on Mars,"），*VanityFair.com*, March 10, 2013, https://www.vanityfair.com/news/tech/2013/03/elon-musk-die-mars?verso=true。
8. 艾蓮・布魯・貝克（Elien Blue Becque），〈馬斯克想死在火星上〉（"Elon Musk Wants to Die on Mars,"）。
9. 扎米納・梅希亞（Zameena Mejia），〈馬斯克睡在辦公桌下，甚至在YouTuber花九千美元買一張沙發送他之後，依然故我〉（"Elon Musk Sleeps under his Desk, Even after a YouTube Star Raised $9,000 to Buy Him a Couch"），cnbc.com, July 2, 2018, https://www.cnbc.com/2018/06/29/elon-musk-sleeps-under-a-desk-even-after-youtuber-crowdfunded-a-couch.html。
10. 麥可・J・科倫（Michael J. Coren），〈馬斯克的一天：馬斯克怎麼規劃工作和玩樂時間〉（"The Days and Night of Elon Musk: How He Spends His Time at Work and Play"）。
11. 莎拉・格雷（Sarah Gray），〈美國疾病管制暨預防中心指出，運動不足的美國人數驚人的多〉（"A Shocking Percentage of Americans Don't Exercise Enough, CDC Says"），Fortune.com, June 28, 2018, https://f ortune.com/2018/06/28/americans-do-not-exercise-enough-cdC/。
12. 朱利亞・哈羅威茲（Julia Horowitz），〈美國人去年放棄了一半的假期〉（"Americans Gave Up Half of Their Vacation Days Last Year,"），*CNN Money*，二〇一七年五月二十五日，https://money.cnn.com/2017/05/24/news/vacation-days-unused/index.html。潔西卡・迪克勒（Jessica Dickler），〈許多美國工作者今年將失去一半的休假時間〉（"Many US Workers Are Going to Lose Half Their Vacation Time This Year"），CNBC , November 20, 2018, https://www.cnbc.com/2018/11/20/us-work ers-to-forfeit-half-their-vacation-time-this-year.html。
13. 塔拉・凱利（Tara Kelly），〈最新調查顯示，百分之八十的美國人每週下班後多花一天時間工作〉（"80 Percent of Americans Spend an Extra Day a Week Working After Hours, New Survey Says,"），Huffpost.com, July 7, 2012, https://www.huffpost.com/entry/americans-work-after-hours-extra-day-a-week_n_1644527。
14. 愛米・伊莉莎・傑克森（Amy Elisa Jackson），〈我們就是停不下來：三分之二員工休假仍在工作〉（"We Just Can't Unplug: 2/3 Employees Report Working While on Vacation"），Glassdoor.com, May 24, 2017, https://www.glassdoor.com/blog/vacation-realities-2017。
15. 史蒂芬・E・蘭斯伯格（Steven E. Landsburg），〈休閒階級理論〉（"The Theory of the Leisure Class"），Slate, March 9, 2007, https://slate.com/culture/2007/03/an-economic-mystery-why-do-the-poor-seem-to-have-more-free-time-than-the-rich.html。

16. 羅伯・法蘭克（Robert Frank），〈富有的工作狂〉（"The Workaholic Rich"），Wall Street Journal, March 21, 2007, https://blogs.wsj.com/wealth/2007/03/21/the-workaholic-rich。

17. 《大西洋月刊》（*Atlantic*）作家德瑞克・湯普森（Derek Thompson）稱這種宗教為「工作主義」（workism）。見湯普森文章〈工作主義讓美國人變得悲慘〉（"Workism Is Making Americans Miserable"），Atlantic, February 24, 2019, https://www.theatlantic.com/ideas/archive/2019/02/religion-workism-making-americans-miserable/583441。

18. 查爾斯・赫梅爾（Charles Hummel），〈緊急事件的專制〉（Tyranny of the Urgent）, rev. ed., Downers Grove, IL: InterVarsity Press, 1967, 4。

19. 理查・布魯克海澤（Richard Brookhiser），《喬治華盛頓談領導力》（*George Washington on Leadership*），New York: BasicBooks, 2008, 167。

20. 艾美・仁蘇（Amy Jen Su）說，〈工作日融入自我照顧的六個方法〉（"6 Ways to Weave Self-Care into Your Workday"），Harvard Business Review, June 19, 2017, hhttps://hbr.org/2017/06/6-ways-to-weave-self-care-into-your-workday。

21. 馬可斯・E・雷克爾（Marcus E. Raichle）與黛柏拉・A・古斯納德（Debra A Gusnard），〈大腦能量預算評估〉（"Appraising the Brain's Energy Budget"），National Institutes of Health, August 6, 2002, https:// www.ncbi.nlm.nih.gov/pmc/articles/PMC124895/。

22. 伊娃・賽爾胡布（Eva Selhub），〈營養的心理治療：大腦食物〉（"Nutritional Psychiatry: Your Brain on Food"），Harvard Health Publishing, April 5, 2018, https://www.health.harvard.edu/blog/nutritional-psychiatry-your-brain-on-food-201511168626。

23. 薩瑪・F・蘇萊曼（Sama F. Sleiman），〈運動透過β-hydroxybutyrate酮體的作用，促進腦源性神經滋養因子之表現〉（"Exercise Promotes the Expression of Brain Derived Neurotrophic Factor (BDNF) through the Action of the Ketone Body β-Hydroxybutyrate"），National Institutes of Health, June 2, 2016, https://www.ncbi.nlm.nih.gov/pmc/articles/PMC4915811/。

24. 大衛・迪薩爾沃（David DiSalvo），〈為什麼練腿可以讓大腦更健康〉（"Why Exercising Your Legs Could Result in a Healthier Brain"），Forbes, May 27, 2018, https://www.forbes.com/sites/daviddisalvo/2018/05/27/why-exercising-your-legs-could-result-a-healthier-brain/#61cbbd345235。

25. 阿莉・海地寧（Ari Hyytinen）與尤卡・拉賀托寧（Jukka Lahtonen），〈運動對長期收入的影響〉（"The Effect of Physical Activity on Long-Term Income"），ScienceDirect.com，Social Science & Medicine, Vol. 96, November 2013, https://www.sciencedirect.com/science/article//abs/pii/S0277953613004188。

26. 大衛・懷特（David Whyte），《安慰》（*Consolations*），

Langley, WA: Many Rivers, 2015, 182。

27. 安・費雪（Anne Fishel），〈最重要的親子活動？和孩子吃晚餐〉（"The Most Important Thing You Can Do with Your Kids? Eat Dinner with Them"），*Washington Post*, January 12, 2015, https://www.washingtonpost.com/posteverything/wp/2015/01/12/the-most-import ant-thing-you-can-do-wit-your-kids-at-dinner-with-them/。
28. 布朗妮・威爾（Bronnie Ware），轉引自蘇西・史坦納（Susie Steiner），〈臨終最常見的五個遺憾〉（"Top Five Regrets of the Dying"），*Guardian*, February 1, 2012, https://www.theguardian.com/life andstyle/2012/feb/01/top-five-regrets-of-the-dying。
29. 布朗妮・威爾（Bronnie Ware），轉引自蘇西・史坦納（Susie Steiner），〈臨終最常見的五個遺憾〉（"Top Five Regrets of the Dying"）。

第四章

1. 羅伯特・凱根（Robert Kegan），《頭上》（*In Over Our Heads*），Cambridge: Harvard University Press, 1994, 154。
2. 凱瑟琳・艾金斯（Kathleen Elkins），〈白手起家的百萬富翁都同意的致勝工時〉（"Self-Made Millionaires Agree on How Many Hours You Should Be Working to Succeed"），CNBC Make It, June 15, 2017, https://www.cnbc.com/2017/06/15/self-made-millionaires-agree-on-how-many-hours-you-should-be-working.html。
3. C・諾斯古德・帕金森（C. Northcote Parkinson），《帕金森定律》（Parkinson's Law），Boston: Houghton Mifflin, 1957, 2。
4. 唐雅・道爾頓（Tonya Dalton），〈每週到底要工作幾小時才最有效率？〉（"How Many Hours Do You Really Need to Work Each Week to Be Productive?"），*Fast Company*, June 25, 2019, https:// www.fastcompany.com/90368052/how-many-hours-should-you-work-each-week-to-be-productive。
5. 艾琳・里德（Erin Reid），轉引自莎拉・格林・卡麥克爾（Sarah Green Carmichael），〈研究講得很清楚：超長工時會反噬員工和公司〉（"The Research Is Clear: Long Hours Backfire for People and for Companies"），*Harvard Business Review Ascend*, August 19, 2015, https://hbr.org/2015/08/the-research-is-clear-long-hours-backfire-for-people-and-for-companies。
6. 莎拉・羅賓森（Sara Robinson），〈為什麼我們必須回到一週工時四十小時才能保持理智〉（"Why We Have to Go Back to a 40-Hour Work Week to Keep Our Sanity,"），AlterNet.org, March 13, 2012, https://www.alternet.org/2012/03/why_we_have_to_go_back_to_a_40-hour_work_week_to_keep_our_sanity。
7. 布里姬・舒爾特（Brigid Schulte），《焦頭爛額》（*Overwhelmed*），139。
8. 羅伯特・凱根（Robert Kegan），《頭上》（*In Over Our Heads*），154（重點在原文）。
9. 羅伯特・凱根（Robert Kegan），《頭上》（*In Over Our*

Heads），152-53。

10. 菲爾・漢森（Phil Hansen），〈擁抱顫抖〉（"Embrace the Shake"），TED, February 2013, https:// www.ted.com/talks/phil_hansen_embrace_the_shake。
11. 菲爾・漢森（Phil Hansen），〈擁抱顫抖〉（"Embrace the Shake"）。
12. 菲爾・漢森（Phil Hansen），〈擁抱顫抖〉（"Embrace the Shake"）。
13. 歐格茲・A・艾卡（Oguz A. Acar）等人，〈為何有限制可以激發創新力〉（"Why Constraints Are Good for Innovation"），Harvard Business Review, November 22, 2019, https://hbr.org/2019/11/why-constraints-are-good-for-innovation。
14. 歐格茲・A・艾卡（Oguz A. Acar）等人，〈為何有限制可以激發創新力〉（"Why Constraints Are Good for Innovation"）。
15. 特琳娜・哈特—創普（Catrinel Haught-Tromp），轉引自湯姆・雅各布（Tom Jacobs），〈限制可能刺激創造力〉（"Constraints Can Be A Catalyst For Creativity"），*Pacific Standard*, June 14, 2017, https:// psmag.com/news/constraints-can-be-a-catalyst for-creativity。
16. 方洙正（Alex Soojung-Kim Pang），《如何縮時工作》（*Shorter*），New York: Public Affairs, 2020, 177-79。
17. 方洙正（Alex Soojung-Kim Pang），《如何縮時工作》（*Shorter*），208。
18. 方洙正（Alex Soojung-Kim Pang），《如何縮時工作》（*Shorter*）。
19. 華倫・巴菲特（Warren Buffett），轉引自愛米・布拉斯卡（Amy Blaschka），〈說「不」是事業發展的最佳途徑：全方位解析〉（"This Is Why Say- ing 'No' Is The Best Way To Grow Your Career-And How To Do It"），Forbes, November 26, 2019, https://www.forbes.com/sites/amyblaschka/2019/11/26/this-is-why-saying-no-is-the-best-way-to-grow-your-career-and-how-to-do-it/#3355469479da。

第五章

1. 理查・謝立丹（Richard Sheridan），轉引自布里姬・舒爾特（Brigid Schulte），《焦頭爛額》（*Overwhelmed*），124。
2. 史蒂夫・法伯（Steve Farber），〈為什麼工作與生活平衡是謊言？應該取而代之的是什麼？〉（"Why Work-Life Balance Is a Lie, and What Should Take Its Place"），Inc.com, September 26, 2018, https://www.inc.com/steve-f arber/work-life-balance-is-a-lie-heres-what-should-take-its-place.html。
3. 何西亞・張（Hosea Chang），〈工作與生活平衡的迷思〉（"The Myth of Work-Life Balance"），Forbes, January 3, 2019, https://www.forbes.com/sites/forbeslacouncil/2019/01/03/the-myth-of-work-life-balance/#4f 2606443727。
4. 泰瑞莎・泰勒（Teresa Taylor），〈三個步驟讓工作與生活迷思退散〉（"Dispelling the Work-Life Balance Myth in Three Steps"），Huffington Post, December 3, 2015, https://www.huffpost.com/entry/work-life-balance-myth_b_8085338。

5. 瑪莉亞・波波娃（Maria Popova），〈為什麼我們失去休閒時間：大衛・斯坦德拉分享怎麼好好工作和好好玩，如何在焦頭爛額的生活中找尋意義〉（"Why We Lost Leisure: David Steindl-Rast on Purposeful Work, Play, and How to Find Meaning in the Magnificent Superfluities of Life"），Brain Pickings, December 12, 2014, https://www.brain pickings.org/2014/12/22/David-steindl-rast-leisure-gratefulness。

6. 瑪莎・史都華（Martha Stewart），轉引自潔西卡・盧茲（Jessica Lutz），〈是時候殺死工作與生活平衡的幻想了〉（"It's Time to Kill the Fantasy That Is Work-Life Balance"），Forbes, January 11, 2018, https://www.forbes.com/sites/jessicalutz/2018/01/11/its-time-to-kill-the-f antasy-that-is-work-life-balance/#60d99f 3970a1。

7. 華特・艾薩克森（Walter Isaacson），《愛因斯坦》（*Einstein*），New York: Simon and Schuster, 2008, 367。

8. 麥拉・史卓柏（Myra Strober），〈分享工作〉（Sharing the Work），Cambridge: MIT Press, 2016, 217。

9. 迪克・科斯特洛（Dick Costolo），轉引自彼特・萊布曼（Pete Leibman），〈身強體健的執行長就是高效率的執行長：為什麼領導者需要騰出時間運動〉（"A Fit CEO Is an Effective CEO: Why Leaders Need to Make Time for Exercise"），Salon.com，September 9, 2018, https://www.salon.com/2018/09/09/a-fit-ceo-is-an-effective-ceo-why-leaders-need-to-make-time-for-exercise/。

10. 克萊兒・M・坎普・杜許（Claire M. Kamp Dush）等人，〈縱橫一生的婚姻幸福與心理幸福〉（"Marital Happiness and Psychological Well-Being Across the Life Course"），National Institutes of Health, May 10, 2013, https://www.ncbi.nlm.nih.gov/pmc/articles/PMC3650717/#R28。賢・K・金（Hyoun K. Kim）與派翠克・麥可肯瑞（Patrick C. McKenry），〈婚姻與心理幸福感的關連：縱向研究〉（"The Relationship Between Marriage and Psychological Well-Being: A Longitudinal Analysis"），*Journal of Family Issues*, November 1, 2002, https://journals.sagepub.com/doi/abs/10.1177/019251302237296。

11. 亞里斯多德（Aristotle），轉引自梅格・米克（Meg Meeker），〈在有毒文化中養育出堅強的女兒：讓她快樂和安全的十一個步驟〉（*Raising a Strong Daughter in a Toxic Culture: 11 Steps to Keep Her Happy and Safe*），Washington, DC: Regnery Publishing, 2019, 11。

12. 梅奧診所醫學中心（Mayo Clinic）員工，〈友誼：豐富生活，改善健康〉（"Friendships: Enrich Your Life and Improve Your Health"），MayoClinic.org, August 24, 2019, https://www.mayoclinic.org/healthy-lifestyle/adult-health/in-depth/friendships/art-20044860。

13.〈新版幸福方程式：工作＋幸福＝提高生產力〉（“A New Happiness Equation: Worker + Happiness = Improved Productivity”），Bulletin of the Economics Research Institute 10.3, 2009, https://warwick.ac.uk/fac/soc/economics/research/centres/eri/bulletin/2009-10-3/ops/。
14. 珍妮佛．戈德曼—韋茲勒（Jennifer Goldman-Wetzler），《最佳結果》（*Optimal Outcomes*），New York: HarperBusiness, 2020, 4。
15. 朱莉安娜．梅納賽．華洛維茲（Juliana Menasce Horowitz），〈即使職場和家庭面臨挑戰，但大多數職場爸媽仍覺得受雇是最好的選擇〉“Despite Challenges at Home and Work, Most Working Moms and Dads Say Being Employed Is What's Best for Them”），Pew Research Center, September 12, 2019, https://www.pewresearch.org/f act-tank/2019/09/12/despite-challenges-at-home-and-work-most-working-moms-and-dads-say-being-employed-is-whats-best for-them/。
16. 艾琳．帕頓（Eileen Patten）〈雙薪家長如何平衡工作與家庭〉（“How American Parents Balance Work and Family Life When Both Work”），Pew Research Center, November 4, 2015, https:// www.pewresearch.org/f act-tank/2015/11/04/how-american-parents-balance-work-and-family-life-when both-work/。
17. 朱莉安娜．梅納賽．華洛維茲（Juliana Menasce Horowitz），〈夫妻都工作，家事誰做比較多？看你問誰〉（“Who Does More at Home When Both Parents Work? Depends on Which One You Ask,”），Pew Research Center, November 5, 2015, https://www.pewresearch.org/fact-tank/2015/ 11/05/who-does-more-at-home-when both-parents-work-depends-on-which-you-ask/。
18. 布里姬．舒爾特（Brigid Schulte），《焦頭爛額》（*Overwhelmed*），238-39。另見第二章〈休閒是修女的專利〉（“Leisure Is for Nuns.”）。
19. 布里姬．舒爾特（Brigid Schulte），《焦頭爛額》（*Overwhelmed*），165。
20. 蜜雪兒．P．金（Michelle P. King），《修復》（*The Fix*），New York: Atria, 2020, 24-27。另見布里姬．舒爾特（Brigid Schulte），《焦頭爛額》（*Overwhelmed*）第五章〈你媽媽並不是理想員工〉（“The Ideal Worker Is Not Your Mother”），71-96。
21. 梅蘭妮．海利（Melanie Healey），轉引自喬安．S．魯賓（Joann S. Lubin），《贏取》（*Earning It*），New York: HarperBusiness, 2016, 142-43。
22. 朱蒂絲．舒萊維茲（Judith Shulevitz），〈為什麼我再也見不到你了？〉（ “Why Don't I See You Anymore?”），*Atlantic*, November 2019。

第六章

1. 羅伯特．波伊頓（Robert Poynton），《請暫停》（*Do Pause*），London: Do Book Co., 2019,本章題詞引用自該書

的副標題。
2. J・K・羅琳（J.K. Rowling），轉引自《造型師》團隊（Stylist Team），〈絕頂創意：暢銷書作家代表作背後創意與靈感大揭密〉（“The Big Idea: Bestselling Authors Reveal the Creative Secrets and Inspirations behind Their Greatest Books”），Stylist.co, https://www.stylist.co.uk/books/famous-authors-reveal-the-ideas-and-inspiration-behind-their-best-selling-books-stories-creative-writing-influences/127082。
3. 愛美・華森（Amy Watson），〈截至二〇一八年八月美國與全球《哈利波特》書籍銷售量〉，Statista.com, September 12, 2019, https://www.statista.com/statistics/589978/harry-potter- book-sales：〈J.K. 羅琳《哈利‧波特》譯為蘇格蘭語，為第八十種語言〉（“J.K. Rowling’s ‘Harry Potter’ Translated to Scots, Marking 80th Language,”），NPR.org, November 23, 2017, https://www.npr.org/2017/11/23/566283284/j-k-rowlings-harry-potter-translated-to-scots-marking-80th-language。大衛・利伯曼（David Lieberman），〈哈利波特公司：華納兄弟價值兩百一十億美元的帝國〉（“Harry Potter Inc: Warner Bros’ $21B Empire”），Deadline.com, July 13, 2011, https://deadline.com/2011/07/harry-potter-inc-warner-bros-21b-empire-146754。艾瑪・雅各布（Emma Jacobs），〈JK羅琳如何建立兩百五十億美元的企業〉（“How JK Rowling Built a $25bn Business”），Financial Times, June 26, 2017, https://www.ft.com/content/a24a70a6-55a9-11e7-9fed-c19e2700005f。
4. 朱蒂絲・舒萊維茲（Judith Shulevitz），〈為什麼我再也見不到你了？〉（“Why Don’t I See You Anymore?”）。
5. 凱文・J・萊恩（Kevin J. Ryan），〈一生一日：貝亞德・溫斯羅普，二〇一八年二月二十二日〉（“A Day in the Life: Bayard Winthrop, 2/22/18”），Inc., May 2018, https://www.inc.com/magazine/201805/kevin-j-ryan/bayard-winthrop-american-giant-daily-routine.html。
6. 〈工作電子郵件的衝擊：美國研究發現，員工無處可躲〉（“Work Email Onslaught: Staff Have Nowhere to Hide, US Study Finds”），GFI Software, June 24, 2015, https://www.gfi.nl/company/press/2015/06/work-email-onslaught-staff-have-nowhere-to-hide-us-study-finds。另參見朱蒂絲・舒萊維茲（Judith Shulevitz）〈為什麼我再也見不到你了？〉（“Why Don’t I See You Anymore?”）關於時間日記的研究。
7. 亞當・魏茲（Adam Waytz），〈休閒時間是大腦殺手級應用程式〉（“Leisure Is Our Killer App”），*MIT Sloan Management Review*, Summer 2019, https://sloanreview.mit.edu/article/leisure-is-our-killer-app/。
8. 米哈里・契克森米哈伊（Mihaly Csikszentmihalyi），《創造力》（*Creativity*），New York: Harper, 2013, 353-54。
9. 提姆・克里德（Tim Kreider），〈忙碌陷阱〉（“The ‘Busy Trap’”）。
10. 史蒂芬・強生（Steven Johnson），《好點子哪裡來》（Where

Good Ideas Come From），New York: Penguin, 2011。

11. 丹尼爾・H・平克（Daniel H. Pink），《驅動力：人類動機的驚人真相》（*Drive: The Surprising Truth About What Motivates Us*），New York: Riverhead Books, 2009, 94。
12. 艾利克・波弗（Alec Proudfoot），轉引自艾琳・海雅思（Erin Hayes），〈Google百分之二十關鍵因素〉"Google's 20 Percent Factor," ABC News, May 12, 2008, https://abcnews.go.com/Technology/story?id=4839327&page=1。
13. 亞當・羅賓森（Adam Robinson），〈想提高淨利？鼓勵員工從事副業吧〉（"Want to Boost Your Bottom Line? Encourage Your Employees to Work on Side Projects"），Inc.com, March 12, 2018, https://www.inc.com/adam-robinson/google-employees-dedicate-20-per cent-their-time-to-side-projects-heres-how-it-works.html。
14. 馬修・沃倫（Matthew Warren），〈花時間在嗜好上可以提升工作信心，前提是嗜好與工作不同〉（"Spending More Time on Your Hobbies Can Boost Confidence at Work—If They Are Sufficiently Different from Your Job"），Research Digest, October 7, 2019 https://digest.bps.org.uk/2019/10/07/spending-more-time-on-your-hobbies-can-boost-confidence-at-work-if-they-are-sufficiently-different-from-your-job/。
15. 凱文・艾克萊曼（Kevin Eschleman），轉引自J潔西卡・斯提爾曼（Jessica Stillman），〈嗜好對工作表現的影響〉（"How Your Hobbies Impact Your Work Performance"），Inc.com, May 6, 2014, https:// www.inc.com/jessica-stillman/how-your-hobbies-effect-work-perform ance.html。
16. 麥可・E・霍普金斯（Michael E. Hopkins）等人，〈急性和定期體育鍛鍊對認知和情感的不同影響〉（"Differential Effects of Acute and Regular Physical Exercise on Cognition and Affect"），US National Library of Medicine, National Institutes of Health, July 26, 2012,https://www.ncbi.nlm.nih.gov/pmc/articles/PMC3374855/。
17. 朱莉雅・萊恩（Julia Ryan），〈研究指出：讀小說會改變你的大腦〉（"Study: Reading a Novel Changes Your Brian"），*Atlantic*, January 9, 2014, https://www.theatlantic.com/education/archive/2014/01/study-reading-a-novel-changes-your-brain/282952/。
18. 維多利亞・瑪莉安（Viorica Marian）與安東尼・史杜克（Anthony Shook），〈雙語者的認知優勢〉（"The Cognitive Benefits of Being Bilingual"），Cerebrum, US National Library of Medicine, National Institutes of Health, September–October 2012, https://www.ncbi.nlm.nih.gov/pmc/articles/PMC3583091/。
19. S・昆恩（S. Kühn）等人，〈玩超級瑪利歐可促進大腦可塑性：商業電動遊戲訓練引起的灰質變化〉（"Playing Super Mario Induces Structural Brain Plasticity: Gray Matter Changes Resulting from Training with a Commercial Video Game"），US National Library of Medicine, National Institutes

of Health, February 19, 2014, https://www.ncbi.nlm.nih.gov/pubmed/24166407。

20. 南西・弗利斯勒（Nancy Fliesler），〈音樂訓練是否有助於孩子的學業表現？〉（"Does Musical Training Help Kids Do Better in School?"），Boston Children's Hospital Vector, June 19, 2014, https://vector.childrenshospital.org/2014/06/does-musical-training-help-kids-do-better-in-school。

21. 佩瑞米特研究所（Perimeter Institute），〈偉大的科學家沒有創造偉大科學時在做什麼：即使是最聰明的頭腦也需要放鬆〉（"What Great Scientists Did When They Weren't Doing Great Science: Even the Most Brilliant Minds Need to Unwind"），InsideThePerimeter.ca, July 16, 2014 https://insidetheperimeter.ca/what-great-scientists-did-when-they-werent-doing-great-science。

22. 泰瑞・提區奧特（Terry Teachout），《懷疑論者》（The Skeptic），New York: Harper, 2003, 169-72; 佛德里克・N・拉斯穆森（Frederick N. Rasmussen），《門肯音樂劇：聖人的另一面》（"Mencken, The Musical: The Sage's Other Side"），Baltimore Sun, September 1, 2007, https://www.baltimoresun.com/news/bs-xpm-2007-09-01-0709010298-story.html。

第七章

1. C・S・路易斯（C. S. Lewis）〈銀椅〉（The Silver Chair），收錄於《納尼亞傳奇》（*The Chronicles of Narnia*）第四章，New York, Harper, 2004, 571。

2. 康納・M・席漢（Connor M. Sheehan）等人，〈美國成年人是否睡眠不足？二〇〇四至二〇一七年全國健康訪談調查的睡眠時間趨勢〉（"Are U.S. Adults Reporting Less Sleep? Findings from Sleep Duration Trends in the National Health Interview Survey, 2004-2017"），*Sleep* 42.2, February 2019 https://academic.oup.com/sleep/article-abstract/42/2/zsy221/5185637。戴安・S・勞德戴爾（Diane S. Lauderdale）等人，〈客觀測量不同世代成人的睡眠特徵：CARDIA研究〉（"Objectively Measured Sleep Characteristics among Early-Middle-Aged Adults: The CARDIA Study"），American Journal of Epidemiology 164.1, July 1, 2006, https://academic.oup.com/aje/article/164/1/5/81104。

3. A・M・威廉蒙（A.M.Williamon）與安—瑪麗・費爾（Anne-Marie Feyer），〈中度睡眠剝奪產生的認知與運動性的損害，相當於法律規定的酒精中毒水準〉（"Moderate Sleep Deprivation Produces Impairments in Cognitive and Motor Performance Equivalent to Legally Prescribed Levels of Alcohol Intoxication"），*Occupational and Environmental Medicine* 57.10, October 2000, hhttps://www.ncbi.nlm.nih.gov/pmc/articles/PMC1739867/pdf/v057p00649.pdf。

4. 塔拉・史瓦特（Tara Swart），轉引自凱蒂・比薩（Katie Pisa），〈為什麼一晚沒睡會損害智商〉（"Why Missing a Night of Sleep Can Damage Your IQ"），CNN.com, April 20,

2015, h https://www.cnn.com/2015/04/01/business/sleep-and-leadership/。

5. 潘妮洛普・里維斯（Penelope Lewis），《睡眠的神秘世界》（*The Secret World of Sleep*），New York: St. Martin's Press, 2013, 18.

6. 尤瓦爾・尼爾（Yuval Nir）等人，〈睡眠剝奪後，選擇性神經元缺失會比認知缺失還早出現〉（"Selective Neuronal Lapses Precede Human Cogni- tive Lapses Following Sleep Deprivation"），Natural Medicine 23.12, November 6, 2017, https://www.ncbi.nlm.nih.gov/pmc/articles/PMC5720899。

7. 尼克・范丹姆（Nick van Dam）與艾爾・范德海姆（Els van der Helm），〈睡眠不足對公司造成的損失〉（"The Organizational Cost of Insufficient Sleep"），McKinsey Quarterly, February 1, 2016, https://www.mckinsey.com/business-functions/organization/our-insights/the-org anizational-cost-of-insufficient-sleep。

8. 羅伯・史蒂葛德（Robert Stickgold），轉引自〈去睡覺：好好睡一晚，提升健康，工作，生活品質的妙方集錦〉（"Get Sleep: Steps You Can Take to Get Good Sleep and Improve Health, Work, and Life"），Harvard Medical School, 2013, http://healthysleep.med.harvard.edu/need-sleep/whats-in-it-for-you/judgment-safety>。

9. 方洙正（Alex Soojung-Kim Pang），《用心休息》（*Rest*），New York: Basic Books, 2018, 2。

10. 大衛・丁吉斯（David Dinges），由譚雅・巴塑（Tanya Basu）轉引，〈百事公司執行長盧英德炫耀一天只睡四小時。這可不是件好事〉（"CEOs Like PepsiCo's Indra Nooyi Brag They Get 4 Hours of Sleep. That's Toxic,"），*Daily Beast*, August 21, 2018, https://www.thedailybeast.com/ceos-like-pepsicos-in dra-nooyi-brag-they-get-4-hours-of-sleep-thats-toxic。

11. 蘇珊・懷斯・鮑爾（Susan Wise Bauer），《中世紀世界的歷史》（*The History of the Medieval World*），New York: Norton, 2010, 22。

12. 賴瑞・奧爾頓（Larry Alton），〈為什麼睡眠不足的代價是數十億美元〉（"Why Lack of Sleep Is Costing Us Billions of Dollars"），NBC News, June 2, 2017, https://www.nbcnews.com/better/better/why-lack-sleep-costing-us-billions-dollars-ncna767571。

13. 麥可・湯姆森（Michael Thomsen），〈睡眠不足如何導致新創科技公司的高失敗率〉（"How Sleep Deprivation Drives the High Failure Rates of Tech Startups"），Forbes, March 27, 2014, https://www.forbes.com/sites/michaelthomsen/2014/03/27/how-sleep-deprivation-drives-the-high-failure-rates-of-tech-startups。另見丹・萊昂斯（Dan Lyons），〈在矽谷，朝九晚五代表你是魯蛇〉（"In Silicon Valley, Working 9 to 5 Is for Losers"），New York Times, August 31, 2017,https://www.nytimes.com/2017/08/31/opinion/sunday/silicon-valley-work-life-balance-.html。

14. 達斯汀・莫斯科維茨（Dustin Moskovitz），轉引自馬可・德拉・卡夫（Marco della Cava），〈臉書聯合創辦人達斯汀・莫斯科維茨：科技公司有可能毀掉員工的生活〉（"Facebook CoFounder Moskovitz: Tech companies risk destroying employees' lives," ）, USA Today, August 20, 2015,https://www.usatoday.com/story/tech/2015/08/20/facebook-co-founder-moskovitz-says-tech-industry-destroying-personal-lives/32084685/。
15. 露絲・C・懷特（Ruth C. White），〈更好的大腦、更年輕的面孔和更長壽的祕密〉（"Secret to a Better Brain, Younger Face and Longer Life"），*Psychology Today*, November 16, 2011, https://www.psych ologytoday.com/us/blog/culture in mind/201111/secret-better-brain -younger-face-and-longer-life。
16. 艾琳・J・瓦姆斯利（Erin J. Wamsley）與羅伯・史帝葛德（Robert Stickgold），〈記憶、睡眠、夢境：體驗合併〉（"Memory, Sleep and Dreaming: Experiencing Consolidation"），National Institutes of Health, March 1, 2011, hhttps://www.ncbi.nlm.nih.gov/pmc/articles/PMC3079906/。
17. 湯姆・拉斯（Tom Rath），《吃，動，睡：小選擇帶來大改變》（*Eat Move Sleep: How Small Choices Lead to Big Changes*），Arlington, VA: Missionday, 2013, 154。
18. 彼得・雷塔特（Peter Leithart），《日日安息日》（"Daily Sabbath"），Theopolis Institute, YouTube video, 2:40, December 2, 2019, https://www.youtube.com/watch?v=znd ktJOJprk。
19. 彼得・雷塔特（Peter Leithart），《日日安息日》（"Daily Sabbath"）。
20. 〈用更好的睡眠磨練思考能力〉（"Sharpen Thinking Skills with a Better Night's Sleep"），Harvard Health, March, 2014, https://www.health.harvard.edu/mind-and-mood/sharpen-thinking-skills-with-a-better-nights-sleep。
21. 約書亞・J・古利（Joshua J. Gooley）等人，〈睡前暴露於室內光線會抑制人類褪黑激素的產生並縮短褪黑激素的持續時間〉（"Exposure to Room Light before Bedtime Suppresses Melatonin Onset and Shortens Melatonin Duration in Humans"），*Journal of Clinical Endocrinology & Metabolism* 96, no. 3, March 1, 2011, E463-E472, https://doi.org/10.1210/jc.2010-2098。
22. 沙蔓莎・勞瑞洛（Samantha Lauriello），〈專家建議的最佳睡眠溫度〉（ "This Is the Best Temperature for Sleeping, According to Experts"），Health.com, July 9, 2019, hhttps：/./www.health.com/condition/sleep/best-temperature-for-sleeping。
23. 馬可姆・海德（Markham Heid），〈百分之五的美國人開著「助眠機」睡覺〉（"5% of Americans Sleep with a 'Sound Conditioner'"），Time.com, June 4, 2019。
24. 蘇西・尼爾森（Susie Neilson），〈睡前溫水澡幫助降低體溫和改善睡眠〉（"A Warm Bedtime Bath Can Help You Cool Down and Sleep Better"），NPR.org, July 25, 2019, https://www.npr.org/sections/health-shots/2019/07/25/745010965/

a-warm-bedtime-bath-can-help-you-cool-down-and-sleep-better。

25. 安娜・桑多尤（Ana Sandoiu），〈什麼時候洗溫水澡才能提升睡眠品質？〉（"When's the Best Time to Take a Warm Bath for Better Sleep?"），Medical News Today, July 22, 2019, https://www.medicalnewstoday.com/articles/325818。

26. 凱莉・葛拉瑟（Kelly Glazer）等人，〈完美睡眠主義症：患者是否把關於自己的量化數據看太重了？〉（"Orthosomnia: Are Some Patients Taking the Quantified Self Too Far?"），*Journal of Clinical Sleep Medicine* 13.2, February 15, 2017, https://doi.org/10.5664/jcsm.6472。

27. 夏儂・龐德（Shannon Bond），〈為了追求完美睡眠而失眠〉（"Losing Sleep Over the Quest for a Perfect Night's Rest"），NPR Morning Edition, February 18, 2020, https://www.npr.org/2020/02/18/805291279/losing-sleep-over-the-quest-for-a-perfect-nights-rest。

28. L・J・梅爾策（L.J.Meltzer）等人，〈兒童和青少年使用附有睡眠多項生理功能檢查與腕動計之商業加速計比較〉（"Comparison of a Commercial Accelerometer with Polysomnography and Actigraphy in Children and Adolescents"），US National Library of Medicine, National Institutes of Health, August 1, 2015, https://www.ncbi.nlm.nih.gov/pubmed/26118555；凱莉・葛拉瑟（Kelly Glazer）等人，〈完美睡眠主義症：患者是否把關於自己的量化數據看太重了？〉（"Orthosomnia: Are Some Patients Taking the Quantified Self Too Far?"）。

第八章

1. 塔拉・布萊克（Tara Brach），轉引自布里姬・舒爾特（Brigid Schulte），《焦頭爛額》（Overwhelmed）, 277-78。

2. 安・拉莫特（Ann Lamott），《寫作課：一隻鳥接著一隻鳥寫就對了！》（*Bird by Bird*），New York: Anchor, 2019, 105。

3. 詹姆斯・烏爾里奇（James Ullrich），〈公司斯德哥爾摩症候群〉（"Corporate Stockholm Syndrome"），Psychology Today, March 14, 2014, https://www.psychologytoday.com/us/blog/the-modern-time-crunch/201403/corporate-stockholm-syndrome。

4. 艾琳・里德（Erin Reid）和拉克希米・拉馬拉詹（Lakshmi Ramarajan），《高強度職場管理》（"Managing the High-Intensity Workplace"），Harvard Business Review, June 2016, https://hbr.org/2016/06/managing-the-high-intensity-workplace。

5. 艾琳・凱利（Erin Kelly）和費理斯・摩恩（Phyllis Moen），〈解決職場負擔過大的問題〉（"Fixing the Overload Problem at Work"），MIT Sloan Management Review, Summer 2020 issue, April 27, 2020, https://sloanreview.mit.edu/article/fixing-the-overload-problem-at-work/。

6. 萊斯莉・A・佩羅（Leslie A. Perlow），《跟手機一起入眠》（*Sleeping with Your Smartphone*），Boston: Harvard Business School Press, 2012, 7-8。

7. 關於此主題內容，請參見方洙正（Alex Soojung-Kim Pang），《如何縮時工作》（*Shorter*）。

國家圖書館出版品預行編目（CIP）資料

贏回自主人生，終結過勞崇拜：擺脫有毒工作思維，重啟生活與事業高峰的改變之書／麥可．海亞特 (Michael Hyatt)，梅根．海亞特．米勒（Megan Hyatt Miller）著；鍾榕芳譯 . -- 初版 . -- 臺北市：樂金文化出版：方言文化出版事業有限公司發行，2023.11
208 面；14.8 × 21 公分
譯自：Win at work and succeed at life : 5 principles to free yourself from the cult of overwork
ISBN 978-626-7321-51-5（平裝）
1. CST：職場成功法 2. CST：生活指導
494.35 112018393

贏回自主人生，終結過勞崇拜

擺脫有毒工作思維，重啟生活與事業高峰的改變之書

Win at Work and Succeed at Life:
5 Principles to Free Yourself from the Cult of Overwork

作　者　麥可．海亞特（Michael Hyatt）、梅根．海亞特．米勒（Megan Hyatt Miller）
譯　者　鍾榕芳

責任編輯　賴玟秀
編輯協力　楊伊琳、施宏儒
總 編 輯　鄭明禮
行銷企畫　徐緯程、林羿君
版權專員　劉子瑜
業 務 部　葉兆軒、林姿穎、胡瑜芳
管 理 部　蘇心怡、莊惠淳、陳姿伃

封面設計　職日設計 Day and Days Design
內頁設計　綠貝殼資訊有限公司
法律顧問　証揚國際法律事務所 朱柏璁律師

出版製作　樂金文化
發　行　方言文化出版事業有限公司
發 行 人　鄭明禮
劃撥帳號　50041064
通訊地址　10046 台北市中正區武昌街一段 1-2 號 9 樓
電　話　(02)2370-2798
傳　真　(02)2370-2766
印　刷　緯峰印刷股份有限公司

定　價　新台幣 350 元，港幣定價 116 元
初版一刷　2023 年 11 月 29 日
I S B N　978-626-7321-51-5

樂金文化　方言出版集團
BABEL PUBLISHING GROUP

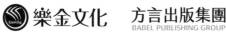